초등 **4-2**

비아에듀
ViaEducation

먼저 읽어 보고 다양한 의견을 준 학생들 덕분에 『수학의 미래』가 세상에 나올 수 있었습니다.

강소을	서울공진초등학교	김대현	광명가림초등학교	김동혁	김포금빛초등학교
김지성	서울이수초등학교	김채윤	서울당산초등학교	김하율	김포금빛초등학교
박진서	서울북가좌초등학교	변예림	서울신용산초등학교	성민준	서울이수초등학교
심재민	서울하늘숲초등학교	오 현	서울청덕초등학교	유하영	일산 홈스쿨링
윤소윤	서울갈산초등학교	이보림	김포가현초등학교	이서현	서울경동초등학교
이소은	서울서강초등학교	이윤건	서울신도초등학교	이준석	서울이수초등학교
이하은	서울신용산초등학교	이호림	김포가현초등학교	장윤서	서울신용산초등학교
장윤수	서울보광초등학교	정초비	안양희성초등학교	천강혁	서울이수초등학교
최유현	고양동산초등학교	한보윤	서울신용산초등학교	한소윤	서울서강초등학교
황서영	서울대명초등학교				

그 밖에 서울금산초등학교, 서울남산초등학교, 서울대광초등학교, 서울덕암초등학교,
서울목원초등학교, 서울서강초등학교, 서울은천초등학교, 서울자양초등학교,
세종온빛초등학교, 인천계양초등학교 학생 여러분께 감사드립니다.

1 '수학의 시대'에 필요한 진짜 수학

여러분은 새로운 시대에 살고 있습니다. 인류의 삶 전반에 큰 변화를 가져올 '제4차 산업혁명'의 시대 말입니다. 새로운 시대에는 시험 문제로만 만났던 '수학'이 우리 일상의 중심이 될 것입니다. 영국 총리 직속 연구위원회는 "수학이 인공 지능, 첨단 의학, 스마트 시티, 자율 주행 자동차, 항공 우주 등 제4차 산업혁명의 심장이 되었다. 21세기 산업은 수학이 좌우할 것"이라는 내용의 보고서를 발표하기도 했습니다. 여기서 말하는 '수학'은 주어진 문제를 풀고 답을 내는 수동적인 '수학'이 아닙니다. 이런 역할은 기계나 인공 지능이 더 잘합니다. 제4차 산업혁명에서 중요하게 말하는 수학은 일상에서 발생하는 여러 사건과 상황을 수학적으로 사고하고 수학 문제로 바꾸어 해결할 수 있는 능력, 즉 일상의 언어를 수학의 언어로 전환하는 능력입니다. 주어진 문제를 푸는 수동적 역할에서 벗어나 지식의 소유자, 능동적 발견자가 되어야 합니다.

『수학의 미래』는 미래에 필요한 수학적인 능력을 키워 줄 것입니다. 하나뿐인 정답을 찾는 것이 아니라 문제를 해결하는 다양한 생각을 끌어내고 새로운 문제를 만들 수 있는 능력을 말입니다. 물론 새 교육과정과 핵심 역량도 충실히 반영되어 있습니다.

2 학생의 자존감 향상과 성장을 돕는 책

수학 때문에 마음에 상처를 받은 경험이 누구에게나 있을 것입니다. 시험 성적에 자존심이 상하고, 너무 많은 훈련에 지치기도 하고, 하고 싶은 일이나 갖고 싶은 직업이 있는데 수학 점수가 가로막는 것 같아 수학이 미워지고 자신감을 잃기도 합니다.

이런 수학이 좋아지는 최고의 방법은 수학 개념을 연결하는 경험을 해 보는 것입니다. 개념과 개념을 연결하는 방법을 터득하는 순간 수학은 놀랄 만큼 재미있어집니다. 개념을 연결하지 않고 따로따로 공부하면 공부할 양이 많게 느껴지지만 새로운 개념을 이전 개념에 차근차근 연결해 나가면 머릿속에서 개념이 오히려 압축되는 것을 느낄 수 있습니다.

이전 개념과 연결하는 비결은 수학 개념을 친구나 부모님에게 설명하고 표현하는 것입니다. 이 과정을 통해 여러분 내면에 수학 개념이 차곡차곡 축적됩니다. 탄탄하게 개념을 쌓았으므로 어떤 문제 앞에서도 당황하지 않고 해결할 수 있는 자신감이 생깁니다.

『수학의 미래』는 수학 개념을 외우고 문제를 푸는 단순한 학습서가 아닙니다. 여러분은 여기서 새로운 수학 개념을 발견하고 연결하는 주인공 역할을 해야 합니다. 그렇게 발견한 수학 개념을 주변 사람들에게나 자신에게 항상 소리 내어 설명할 수 있어야 합니다. 설명하는 표현학습을 통해 수학 지식은 선생님의 것이나 교과서 속에 있는 것이 아니라 여러분의 것이 됩니다. 자신의 것으로 소화하게 된다는 말이지요.『수학의 미래』는 여러분이 수학적 역량을 키워 사회에 공헌할 수 있는 인격체로 성장할 수 있게 도와줄 것입니다.

3 스스로 수학을 발견하는 기쁨

수학 개념은 처음 공부할 때가 가장 중요합니다. 처음부터 남에게 배운 것은 자기 것으로 소화하기가 어렵습니다. 아직 소화하지도 못했는데 문제를 풀려 들면 공식을 억지로 암기할 수밖에 없습니다. 좋은 결과를 기대할 수 없지요.

『수학의 미래』는 누가 가르치는 책이 아닙니다. 자기 주도적으로 학습해야만 이 책의 목적을 달성할 수 있습니다. 전문가에게 빨리 배우는 것보다 조금은 미숙하고 늦더라도 혼자 힘으로 천천히 소화해 가는 것이 결과적으로는 더 빠릅니다. 친구와 함께할 수 있다면 더욱 좋고요.

『수학의 미래』는 예습용입니다. 학교 공부보다 2주 정도 먼저 이 책을 펼치고 스스로 할 수 있는 데까지 해냅니다. 너무 일찍 예습을 하면 실제로 배울 때는 기억이 사라져 별 효과가 없는 경우가 많습니다. 2주 정도의 기간을 가지고 한 단원을 천천히 예습할 때 가장 효과가 큽니다. 그리고 부족한 부분은 학교에서 배우며 보완합니다. 이 책을 가지고 예습하다 보면 의문점도 많이 생길 것입니다. 그 의문을 가지고 수업에 임하면 수업에 집중할 수 있고 확실히 깨닫게 되어 수학을 발견하는 기쁨을 누리게 될 것입니다.

전국수학교사모임 미래수학교과서팀을 대표하여
최수일 씀

복잡하고 어려워 보이는 수학이지만 개념의 연결고리를 찾을 수 있다면 쉽고 재미있게 접근할 수 있어요. 멋지고 튼튼한 집을 짓기 위해서 치밀한 설계도가 필요한 것처럼 여러분 머릿속에 수학의 개념이라는 큰 집이 자리 잡기 위해서는 체계적인 공부 설계가 필요하답니다. 개념이 어떻게 적용되고 연결되며 확장되는지 여러분 스스로 발견할 수 있도록 선생님들이 꼼꼼하게 설계했어요!

단원 시작

수학 학습을 시작하기 전에 무엇을 배울지 확인하고 나에게 맞는 공부 계획을 세워 보아요. 선생님들이 표준 일정을 제시해 주지만, 속도는 목표가 될 수 없습니다. 자신에게 맞는 공부 계획을 세우고, 실천해 보아요.

복습과 예습을 한눈에 확인해요!

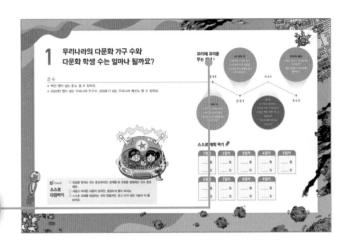

기억하기

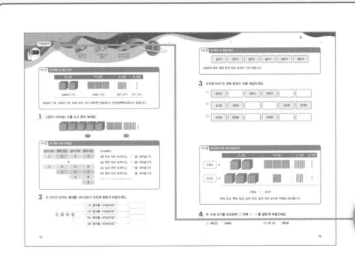

새로운 개념을 공부하기 전에 이전에 배웠던 '연결된 개념'을 꼭 확인해요. 아는 내용이라고 지나치지 말고 내가 제대로 이해했는지 확인해 보세요. 새로운 개념을 공부할 때마다 어떤 개념에서 나왔는지 확인하는 습관을 가져 보세요. 앞으로 공부할 내용들이 쉽게 느껴질 거예요.

배웠다고 만만하게 보면 안 돼요!

새로운 개념과 만나기 전에 탐구하고 생각해야 풀 수 있는 '열린 질문'으로 이루어져 있어요. 처음에는 생각해 내기 어려울 수 있지만 개념 연결과 추론을 통해 문제를 해결할 수 있다면 자신감이 두 배는 생길 거예요. 한 가지 정답이 아니라 다양한 생각, 자유로운 생각이 담긴 나만의 답을 써 보세요. 깊게 생각하는 힘, 수학적으로 생각하는 힘이 저절로 커져서 어떤 문제가 나와도 당황하지 않게 될 거예요.

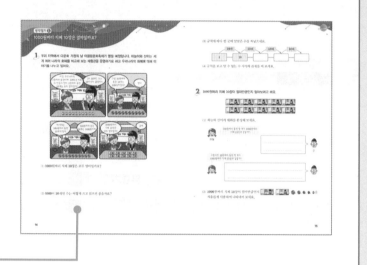

내 생각을 자유롭게 써 보아요!

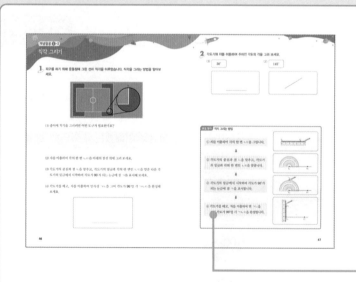

'생각열기'에서 나온 개념이나 정의 등을 한눈에 확인할 수 있게 정리했어요. 또한 개념이 적용된 다양한 예제를 통해 기본기를 다질 수 있어요. '생각열기'와 짝을 이루어 단원에서 배워야 할 주요한 개념과 원리를 알려 주어요.

개념의 핵심만 추렸어요!

표현하기·선생님 놀이

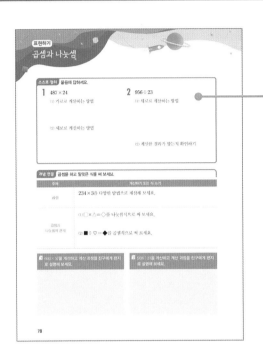

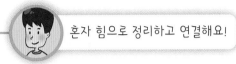

혼자 힘으로 정리하고 연결해요!

새로 배운 개념을 혼자 힘으로 정리하고, 관련된 이전 개념을 연결해요. 수학 개념은 모두 연결되어 있어서 그 연결고리를 찾아가다 보면 '아, 그렇구나!' 하는, 공부의 재미를 느끼는 순간이 찾아올 거예요.

친구나 부모님에게 설명해 보세요!

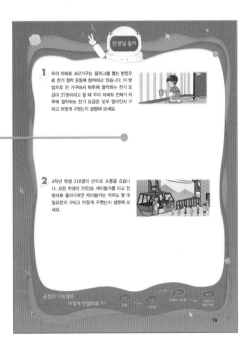

문제를 모두 풀었다고 해도 설명을 할 수 없으면 이해하지 못한 거예요. '선생님 놀이'에서 말로 설명을 하다 보면 내가 무엇을 모르는지, 어디서 실수했는지를 스스로 발견하고 대비할 수 있어요.

단원평가

개념을 완벽히 이해했다면 실제 시험에 대비하여 문제를 풀어 보아요. 다양한 문제에 대처할 수 있도록 난이도와 문제의 형식에 따라 '기본'과 '심화'로 나누었어요. '기본'에서는 개념을 복습하고 확인해요. '심화'는 한 단계 나아간 문제로, 일상에서 벌어지는 다양한 상황이 문장제로 나와요. 생활 속에서 일어나는 상황을 수학적으로 이해하고 식으로 써서 답을 내는 과정을 거치다 보면 내가 왜 수학을 배우는지, 내 삶과 수학이 어떻게 연결되는지 알 수 있을 거예요.

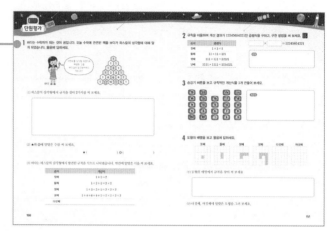

문장제까지 해결하면 자신감이 쑥쑥!

해설

『수학의 미래』는 혼자서 개념을 익히고 적용할 수 있도록 설계되었기 때문에 해설을 잘 활용해야 해요. 문제를 푼 후에 답과 해설을 확인하여 여러분의 생각과 비교하고 수정해보세요. 그리고 '선생님의 참견'에서는 선생님이 문제를 낸 의도를 친절하게 설명했어요. 의도를 알면 문제의 핵심을 알 수 있어서 쉽게 잊히지 않아요.

문제의 숨은 뜻을 꼭 확인해요!

차례

1 피자 한 판을 8등분하여 3조각 먹으면 얼마나 남은 것일까요?

분수의 덧셈과 뺄셈

★ 분모가 같은 분수끼리 더하거나 뺄 수 있어요.
★ 진분수, 가분수, 대분수도 더하거나 뺄 수 있어요.

25

☑ Check

**스스로
다짐하기**

☐ 정답을 맞히는 것도 중요하지만, 문제를 푼 과정을 설명하는 것도 중요
해요.
☐ 새롭고 어려운 내용이 많지만, 꼼꼼하게 풀어 보세요.
☐ 스스로 과제를 해결하는 것이 힘들지만, 참고 이겨 내면 기분이 더 좋
아져요.

꼬리에 꼬리를 무는 개념 ✦

3-1-6

분수
- 진분수, 가분수, 대분수를 이해하기
- 대분수를 가분수로, 가분수를 대분수로 나타내기
- 분모가 같은 분수의 크기 비교하기

4-2-1

분수의 덧셈과 뺄셈
- 분모가 다른 분수의 덧셈하기
- 분모가 다른 분수의 뺄셈하기

분수와 소수
- 하나를 똑같이 나누는 것을 통해 분수 이해하기
- 전체와 부분의 관계를 분수로 나타내기
- 분수의 크기 비교하기
- 소수 이해하기

3-2-4

분수의 덧셈과 뺄셈
- 분모가 같은 진분수의 덧셈과 뺄셈하기
- 분모가 같은 대분수, 가분수의 덧셈과 뺄셈하기

5-1-5

스스로 계획 짜기 ✏️

1일차	2일차	3일차	4일차	5일차
_____월 _____일	_____월 _____일	_____월 _____일	_____월 _____일	_____월 _____일

6일차	7일차
_____월 _____일	_____월 _____일

기억하기

3-1 분수의 의미   3-2 진분수, 가분수, 대분수   3-2 분수의 크기 비교   ?

기억 1 분수의 의미

전체를 똑같이 3으로 나눈 것 중의 1을 $\frac{1}{3}$이라 쓰고 3분의 1이라고 읽습니다.

$\frac{1}{2}$, $\frac{2}{3}$와 같은 수를 분수라고 합니다.

$$\frac{1}{2} \begin{matrix} \leftarrow 분자 \\ \leftarrow 분모 \end{matrix} \qquad \frac{2}{3} \begin{matrix} \leftarrow 분자 \\ \leftarrow 분모 \end{matrix}$$

1 주어진 분수만큼 색칠해 보세요.

(1)

(2)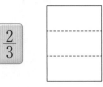

(3) $\frac{1}{4}$

(4)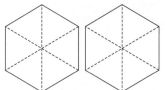

기억 2 여러 가지 분수

• $\frac{1}{4}$, $\frac{2}{4}$, $\frac{3}{4}$과 같이 분자가 분모보다 작은 분수를 진분수라고 합니다.

• $\frac{4}{4}$, $\frac{5}{4}$와 같이 분자가 분모와 같거나 분모보다 큰 분수를 가분수라고 합니다.

• $\frac{4}{4}$는 1과 같습니다. 1, 2, 3과 같은 수를 자연수라고 합니다.

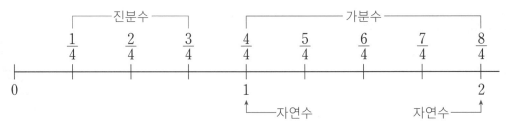

• $1\frac{1}{4}$과 같이 자연수와 진분수로 이루어진 분수를 대분수라고 합니다.

12

2 진분수는 ○표, 가분수는 △표, 대분수는 □표 해 보세요.

$$\frac{8}{3} \qquad 1\frac{3}{5} \qquad \frac{5}{5} \qquad \frac{2}{5} \qquad 6\frac{2}{3} \qquad \frac{8}{5} \qquad \frac{4}{5}$$

3 가분수는 대분수로, 대분수는 가분수로 나타내어 보세요.

(1) $\frac{7}{4}$

(2) $2\frac{1}{6}$

기억 3 분수의 크기 비교

$\frac{2}{5}$는 $\frac{1}{5}$이 2개입니다.

$\frac{3}{5}$은 $\frac{1}{5}$이 3개입니다.

➡ $\frac{2}{5} < \frac{3}{5}$

---

4 분수를 수직선에 나타내거나 분수만큼 색칠하고, 그 크기를 비교하여 ○ 안에 >, =, < 를 알맞게 써넣으세요.

(1) $\boxed{\frac{5}{4}}$ 0 ─────── 1 ─────── 2

$\boxed{\frac{7}{4}}$ 0 ─────── 1 ─────── 2

➡ $\frac{5}{4} \bigcirc \frac{7}{4}$

(2) $\boxed{2\frac{1}{5}}$

$\boxed{1\frac{4}{5}}$

➡ $2\frac{1}{5} \bigcirc 1\frac{4}{5}$

5 분수의 크기를 비교하여 ○ 안에 >, =, <를 알맞게 써넣으세요.

(1) $\frac{9}{7} \bigcirc \frac{5}{7}$

(2) $1\frac{5}{6} \bigcirc 2\frac{1}{6}$

(3) $\frac{14}{3} \bigcirc 4\frac{2}{3}$

둘이 먹은 피자의 합은 어떻게 구할까요?

 하늘이의 이야기를 보고 물음에 답하세요.

하늘

주말에 가족끼리 피자 한 판을 같이 먹었어.
똑같이 6조각으로 나누어 나는 1조각, 오빠는 2조각을 먹었어.

(1) 하늘이와 오빠가 먹은 피자는 전체의 얼마인지 그림으로 나타내고 실명해 보세요.

(2) 하늘이는 오빠와 먹은 피자의 양을 다음과 같이 계산했습니다. 어떻게 계산했는지 설명해 보세요.

$$\frac{1}{6} + \frac{2}{6} = \frac{3}{6}$$

2 강이의 이야기를 보고 강이네 가족과 이모네 가족이 먹은 피자는 모두 몇 판인지 분수를 이용하여 식으로 나타내고 설명해 보세요.

강

어제 멀리 사시는 이모네가 오셔서 큰 피자 두 판을 나누어 먹었어. 피자 한 판당 8조각씩 똑같이 나누어져 있었는데 그중에 우리 가족은 5조각을 먹었고, 이모네 가족은 7조각을 먹었어.

3 강이는 진분수의 덧셈을 다음과 같이 계산했습니다. 강이의 계산 방법에 대해 설명해 보세요.

$$\frac{2}{4} + \frac{3}{4} = \frac{3+2}{4+4} = \frac{5}{8}$$

진분수의 덧셈

1 분수의 뜻을 이용하여 $\frac{2}{6}+\frac{3}{6}$ 을 계산하려고 해요.

(1) $\frac{2}{6}$ 와 $\frac{3}{6}$ 만큼 각각 색칠하고 $\frac{2}{6}+\frac{3}{6}$ 은 $\frac{1}{6}$ 이 모두 몇 개인지 나타내어 보세요.

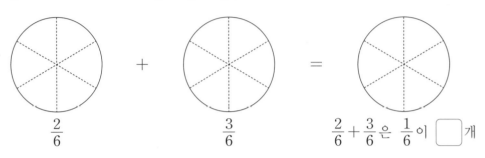

$$\frac{2}{6} \qquad\qquad \frac{3}{6} \qquad\qquad \frac{2}{6}+\frac{3}{6} \text{은 } \frac{1}{6} \text{이 } \boxed{} \text{개}$$

(2) □ 안에 알맞은 수를 써넣으세요.

$\frac{2}{6}+\frac{3}{6}$ 에서 $\frac{2}{6}$ 는 $\frac{1}{6}$ 이 $\boxed{}$ 개, $\frac{3}{6}$ 은 $\frac{1}{6}$ 이 $\boxed{}$ 개입니다.

따라서 $\frac{2}{6}+\frac{3}{6}=\dfrac{\boxed{}+\boxed{}}{\boxed{}}=\boxed{}$ 입니다.

2 수직선을 이용하여 $\frac{5}{8}+\frac{7}{8}$ 을 계산하려고 해요.

(1) $\frac{5}{8}+\frac{7}{8}$ 을 수직선에 나타내어 보세요.

(2) □ 안에 알맞은 수를 써넣으세요.

$\frac{5}{8}+\frac{7}{8}$ 에서 $\frac{5}{8}$ 는 $\frac{1}{8}$ 이 $\boxed{}$ 개, $\frac{7}{8}$ 은 $\frac{1}{8}$ 이 $\boxed{}$ 개입니다.

따라서 $\frac{5}{8}+\frac{7}{8}=\dfrac{\boxed{}+\boxed{}}{\boxed{}}=\boxed{}=\boxed{}$ 입니다.

3  와 같은 방법으로 계산해 보세요.

> 보기
>
> $$\frac{2}{5}+\frac{1}{5}=\frac{2+1}{5}=\frac{3}{5}$$

(1) $\dfrac{2}{7}+\dfrac{4}{7}$

(2) $\dfrac{4}{5}+\dfrac{3}{5}$

(3) $\dfrac{6}{9}+\dfrac{8}{9}$

4 분수의 덧셈을 그림이나 수직선에 나타내고 계산해 보세요.

(1) $\dfrac{3}{6}+\dfrac{2}{6}$

(2) $\dfrac{3}{4}+\dfrac{2}{4}$

개념 정리 분모가 같은 분수의 덧셈을 할 수 있어요

분모가 같은 분수의 덧셈은 단위분수의 개수를 세어 계산합니다. 이때 분모는 같으므로 분자끼리 더합니다. 계산 결과가 가분수일 경우 대분수로 나타낼 수 있습니다.

분자끼리 더하기

$$\frac{5}{8}+\frac{7}{8}=\frac{5+7}{8}=\frac{12}{8}=1\frac{4}{8}$$

분모는 그대로   가분수는 대분수로

둘이 가진 색종이의 합은 몇 장일까요?

 바다의 이야기를 보고 물음에 답하세요.

나는 동생과 함께 색종이로 종이접기를 했어. 다 만든 후 남은 색종이를 세어 보니 나는 1장과 $\frac{2}{4}$장이고, 내 동생은 2장과 $\frac{1}{4}$장이었어.

바다

(1) 바다와 동생이 종이접기 후 남은 색종이는 모두 몇 장인지 그림으로 나타내어 설명해 보세요.

(2) 바다는 동생과 종이접기 후 남은 색종이의 양을 다음과 같이 계산했습니다. 어떻게 계산했는지 설명해 보세요.

$$1\frac{2}{4}+2\frac{1}{4}=3\frac{3}{4}$$

2 산이의 이야기를 보고 산이와 누나가 사용한 색지는 모두 몇 장인지 분수를 이용하여 식으로 나타내고 설명해 보세요.

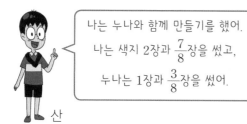

나는 누나와 함께 만들기를 했어. 나는 색지 2장과 $\frac{7}{8}$장을 썼고, 누나는 1장과 $\frac{3}{8}$장을 썼어.

산

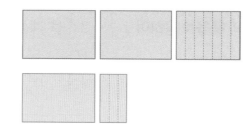

3 산이는 대분수의 덧셈을 다음과 같이 계산했습니다. 산이의 계산 방법에 대해 설명해 보세요.

$$1\frac{5}{6}+1\frac{4}{6}=\frac{5+4}{6}=\frac{9}{6}=1\frac{3}{6}$$

대분수의 덧셈

1 분수의 뜻을 이용하여 $1\frac{2}{4}+2\frac{1}{4}$ 을 계산하려고 해요.

(1) $1\frac{2}{4}$ 와 $2\frac{1}{4}$ 만큼 각각 색칠하고 $1\frac{2}{4}+2\frac{1}{4}$ 은 $\frac{1}{4}$ 이 모두 몇 개인지 구해 보세요.

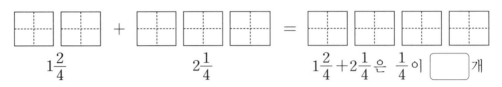

(2) ☐ 안에 알맞은 수를 써넣으세요.

① $1\frac{2}{4}+2\frac{1}{4}$ 을 자연수 부분과 진분수 부분으로 나누어 계산하면

$$1\frac{2}{4}+2\frac{1}{4}=(1+\boxed{})+\left(\frac{2}{4}+\boxed{}\right)=\boxed{}+\boxed{}=\boxed{}\text{ 입니다.}$$

② $1\frac{2}{4}+2\frac{1}{4}$ 은 가분수로 바꾸어 $\boxed{}+\boxed{}$ 로 나타낼 수 있습니다.

따라서 $1\frac{2}{4}+2\frac{1}{4}=\boxed{}+\boxed{}=\boxed{}=\boxed{}$ 입니다.

2 $2\frac{7}{8}+1\frac{3}{8}$ 을 2가지 방법으로 계산해 보세요.

(1) $2\frac{7}{8}+1\frac{3}{8}$ 을 자연수 부분과 진분수 부분으로 나누어 계산하면

$$2\frac{7}{8}+1\frac{3}{8}=(\boxed{}+\boxed{})+(\boxed{}+\boxed{})=\boxed{}+\boxed{}=\boxed{}+\boxed{}$$

$$=\boxed{}\text{ 입니다.}$$

(2) $2\frac{7}{8}+1\frac{3}{8}$ 에서 $2\frac{7}{8}$ 과 $1\frac{3}{8}$ 을 가분수로 바꾸어 계산하면

$$2\frac{7}{8}+1\frac{3}{8}=\boxed{}+\boxed{}=\boxed{}=\boxed{}\text{ 입니다.}$$

3 대분수의 덧셈을 2가지 방법으로 계산해 보세요.

(1) 방법1 $2\dfrac{1}{5}+3\dfrac{2}{5}$

방법2 $2\dfrac{1}{5}+3\dfrac{2}{5}$

(2) 방법1 $5\dfrac{5}{6}+1\dfrac{4}{6}$

방법2 $5\dfrac{5}{6}+1\dfrac{4}{6}$

4 분수의 덧셈을 그림이나 수직선에 나타내고 계산해 보세요.

(1) $2\dfrac{4}{7}+1\dfrac{2}{7}$

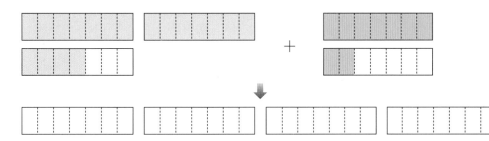

(2) $1\dfrac{5}{6}+\dfrac{3}{6}$

개념 정리 분모가 같은 대분수의 덧셈을 할 수 있어요

분모가 같은 대분수의 덧셈은 다음과 같이 2가지 방법으로 계산할 수 있습니다.

방법1 자연수 부분과 진분수 부분으로 나누어 자연수 부분끼리 더하고, 진분수 부분끼리 더하여 계산합니다.

$$2\dfrac{7}{8}+1\dfrac{3}{8}=(2+1)+\left(\dfrac{7}{8}+\dfrac{3}{8}\right)=3+\dfrac{10}{8}=3+1\dfrac{2}{8}=4\dfrac{2}{8}$$

방법2 대분수를 가분수로 바꾸어 분자끼리 더하고, 대분수로 나타냅니다.

$$2\dfrac{7}{8}+1\dfrac{3}{8}=\dfrac{23}{8}+\dfrac{11}{8}=\dfrac{34}{8}=4\dfrac{2}{8}$$

전체의 얼마만큼 마셨나요?

 1 강이의 이야기를 보고 물음에 답하세요.

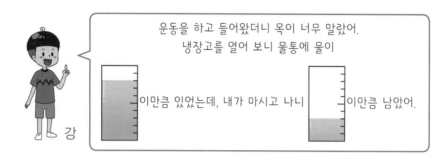

운동을 하고 들어왔더니 목이 너무 말랐어.
냉장고를 열어 보니 물통에 물이

이만큼 있었는데, 내가 마시고 나니   이만큼 남았어.

강

(1) 강이가 마신 물의 양은 물통 전체의 얼마인지 설명해 보세요.

(2) 강이는 마신 물의 양을 다음과 같이 계산했습니다. 어떻게 계산했는지 설명해 보세요.

$$\frac{8}{10} - \frac{3}{10} = \frac{5}{10}$$

2 하늘이의 이야기를 보고 하늘이와 친구들이 마신 음료수의 양은 전체의 얼마인지 분수를 이용하여 식으로 나타내고 설명해 보세요.

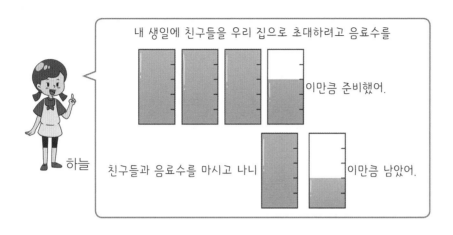

3 하늘이는 분수의 뺄셈을 다음과 같이 계산했습니다. 하늘이의 계산 방법에 대해 설명해 보세요.

$$2\frac{3}{4} - 1\frac{1}{4} = \frac{23}{4} - \frac{11}{4} = \frac{12}{4} = 3$$

분수의 뺄셈

 분수의 뜻을 이용하여 $\dfrac{8}{10}-\dfrac{3}{10}$ 을 계산하려고 해요.

(1) $\dfrac{8}{10}$ 과 $\dfrac{3}{10}$ 만큼 각각 색칠하고 $\dfrac{8}{10}-\dfrac{3}{10}$ 은 $\dfrac{1}{10}$ 이 모두 몇 개인지 구해 보세요.

$\boxed{\dfrac{8}{10}}$

$\boxed{\dfrac{3}{10}}$

➡ $\dfrac{8}{10}-\dfrac{3}{10}$ 은 $\dfrac{1}{10}$ 이 $\boxed{}$ 개

(2) ☐ 안에 알맞은 수를 써넣으세요.

$\dfrac{8}{10}-\dfrac{3}{10}$ 에서 $\dfrac{8}{10}$ 은 $\dfrac{1}{10}$ 이 $\boxed{}$ 개, $\dfrac{3}{10}$ 은 $\dfrac{1}{10}$ 이 $\boxed{}$ 개입니다.

따라서 $\dfrac{8}{10}-\dfrac{3}{10}=\dfrac{\boxed{}-\boxed{}}{\boxed{}}=\boxed{}$ 입니다.

 $3\dfrac{3}{5}-1\dfrac{2}{5}$ 를 계산하는 방법을 알아보세요.

(1) $3\dfrac{3}{5}$ 만큼 색칠하고 $1\dfrac{2}{5}$ 만큼 ×표로 지워 보세요.

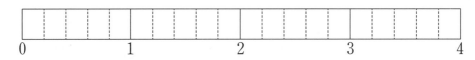

(2) ☐ 안에 알맞은 수를 써넣으세요.

① $3\dfrac{3}{5}-1\dfrac{2}{5}$ 를 자연수 부분과 진분수 부분으로 나누어 계산하면

$3\dfrac{3}{5}-1\dfrac{2}{5}=(3-\boxed{})+\left(\dfrac{3}{5}-\boxed{}\right)=\boxed{}+\boxed{}=\boxed{}$ 입니다.

② $3\dfrac{3}{5}-1\dfrac{2}{5}$ 에서 $3\dfrac{3}{5}$ 과 $1\dfrac{2}{5}$ 를 가분수로 바꾸어 계산하면

$3\dfrac{3}{5}-1\dfrac{2}{5}=\boxed{}-\boxed{}=\boxed{}=\boxed{}$ 입니다.

3 분수의 뺄셈을 수직선이나 그림에 나타내고 계산해 보세요.

(1) $\dfrac{7}{8} - \dfrac{4}{8}$

(2) $2\dfrac{4}{6} - \dfrac{2}{6}$

(3) $3\dfrac{3}{4} - 1\dfrac{2}{4}$

개념 정리 분모가 같은 분수의 뺄셈을 할 수 있어요

• 분모가 같은 분수의 뺄셈은 단위분수의 개수를 세어 계산합니다. 이때 분모는 같으므로 분자끼리 뺍니다.

$$\dfrac{8}{10} - \dfrac{3}{10} = \dfrac{8-3}{10} = \dfrac{5}{10}$$

• 분모가 같은 대분수의 뺄셈은 다음과 같이 2가지 방법으로 계산할 수 있습니다.

방법1 자연수 부분과 진분수 부분으로 나누어 자연수 부분끼리 빼고, 진분수 부분끼리 뺀 후 결과를 더합니다.

$$3\dfrac{3}{5} - 1\dfrac{2}{5} = (3-1) + \left(\dfrac{3}{5} - \dfrac{2}{5}\right) = 2 + \dfrac{1}{5} = 2\dfrac{1}{5}$$

방법2 대분수를 가분수로 바꾸어 분자끼리 빼고, 대분수로 나타냅니다.

$$3\dfrac{3}{5} - 1\dfrac{2}{5} = \dfrac{18}{5} - \dfrac{7}{5} = \dfrac{11}{5} = 2\dfrac{1}{5}$$

사용하고 남은 초콜릿의 양은 어떻게 구할까요?

1 바다의 이야기를 보고 물음에 답하세요.

할머니께 드리려고 쿠키를 만들었어.
초콜릿이 16조각 있었는데 그중
9조각을 사용해서 쿠키를 꾸몄어.

바다

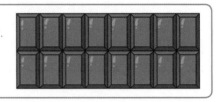

(1) 바나가 사용하고 남은 초콜릿의 양은 전체의 얼마인지 설명해 보세요.

(2) 바다는 사용하고 남은 초콜릿의 양을 다음과 같이 계산했습니다. 어떻게 계산했는지 설명해 보세요.

$$1 - \frac{9}{16} = \frac{7}{16}$$

2 산이의 이야기를 보고 산이가 사용하고 남은 리본은 몇 m인지 분수를 이용하여 식으로 나타내고 설명해 보세요.

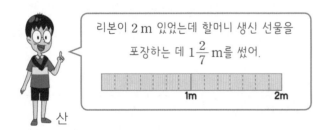

리본이 2 m 있었는데 할머니 생신 선물을
포장하는 데 $1\frac{2}{7}$ m를 썼어.

1m   2m

산

3 강이의 이야기를 보고 강이가 케이크를 산 다음 얼마만큼을 더 가야 할머니 댁에 도착하는 지 분수를 이용하여 식으로 나타내고 설명해 보세요.

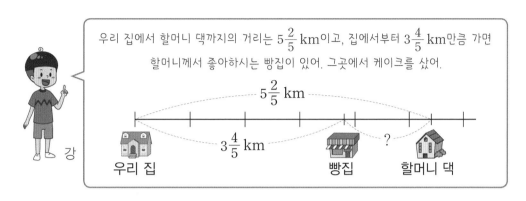

우리 집에서 할머니 댁까지의 거리는 $5\frac{2}{5}$ km이고, 집에서부터 $3\frac{4}{5}$ km만큼 가면 할머니께서 좋아하시는 빵집이 있어. 그곳에서 케이크를 샀어.

$5\frac{2}{5}$ km

$3\frac{4}{5}$ km   ?

우리 집   빵집   할머니 댁

4 하늘이는 분수의 뺄셈을 다음과 같이 계산했습니다. 하늘이의 계산 방법에 대해 설명해 보세요.

$$3\frac{1}{4}-1\frac{3}{4}=(2-1)+\left(\frac{5}{4}-\frac{3}{4}\right)=1+\frac{2}{4}=1\frac{2}{4}$$

가분수로 고치는 뺄셈

1 $1-\dfrac{9}{16}$를 계산하는 방법을 알아보세요.

(1) 전체를 1이라고 할 때 $\dfrac{9}{16}$만큼 색칠하고 남은 부분을 분수로 나타내어 보세요.

 ➡ 남은 부분은 ☐ 입니다.

(2) ☐ 안에 알맞은 수를 써넣으세요.

$1-\dfrac{9}{16}$에서 자연수 1을 분수로 나타내면 $\dfrac{\boxed{}}{16}$입니다.

따라서 $1-\dfrac{9}{16}=\boxed{}-\dfrac{9}{16}=\dfrac{\boxed{}-\boxed{}}{\boxed{}}=\boxed{}$입니다.

2 $2-1\dfrac{2}{7}$를 계산하는 방법을 알아보세요.

(1) $2-1\dfrac{2}{7}$를 수직선에 나타내어 보세요.

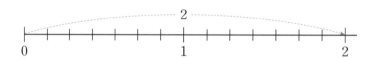

(2) ☐ 안에 알맞은 수를 써넣으세요.

① $2-1\dfrac{2}{7}$에서 자연수 1만큼을 $\dfrac{7}{7}$로 바꾸어 계산하면

$2-1\dfrac{2}{7}=\boxed{}\dfrac{7}{7}-1\dfrac{2}{7}=\left(\boxed{}-1\right)+\left(\boxed{}-\dfrac{2}{7}\right)=\boxed{}$입니다.

② $2-1\dfrac{2}{7}$에서 2와 $1\dfrac{2}{7}$를 가분수로 바꾸어 계산하면

$2-1\dfrac{2}{7}=\boxed{}-\boxed{}=\boxed{}$입니다.

3 $5\dfrac{2}{5}-3\dfrac{4}{5}$ 를 계산하는 방법을 알아보세요.

(1) $5\dfrac{2}{5}$ 만큼 색칠하고 $3\dfrac{4}{5}$ 만큼 ×표로 지워 보세요.

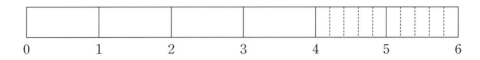

(2) ☐ 안에 알맞은 수를 써넣으세요.

① $5\dfrac{2}{5}-3\dfrac{4}{5}$ 에서 빼어지는 분수 $5\dfrac{2}{5}$ 의 1만큼을 $\dfrac{5}{5}$ 로 바꾸어 계산하면

$$5\dfrac{2}{5}-3\dfrac{4}{5}=\boxed{}\dfrac{\boxed{}}{5}-3\dfrac{4}{5}=\left(\boxed{}-3\right)+\left(\boxed{}-\dfrac{4}{5}\right)=\boxed{}$$ 입니다.

② $5\dfrac{2}{5}-3\dfrac{4}{5}$ 에서 $5\dfrac{2}{5}$ 와 $3\dfrac{4}{5}$ 를 가분수로 바꾸어 계산하면

$$5\dfrac{2}{5}-3\dfrac{4}{5}=\dfrac{\boxed{}}{5}-\boxed{}=\boxed{}=\boxed{}$$ 입니다.

4 분수의 뺄셈을 계산해 보세요.

(1) $3-1\dfrac{3}{8}$

(2) $2\dfrac{2}{6}-1\dfrac{4}{6}$

개념 정리 진분수 부분끼리 뺄 수 없는 분모가 같은 대분수의 뺄셈을 할 수 있어요

진분수 부분끼리 뺄 수 없는 분모가 같은 대분수의 뺄셈은 다음과 같이 2가지 방법으로 계산할 수 있습니다.

방법1 자연수 또는 빼어지는 분수에서 1만큼을 분수로 바꾸어 계산할 수 있습니다.

$$5\dfrac{2}{5}-3\dfrac{4}{5}=4\dfrac{7}{5}-3\dfrac{4}{5}=(4-3)+\left(\dfrac{7}{5}-\dfrac{4}{5}\right)=1\dfrac{3}{5}$$

방법2 두 수를 모두 가분수로 바꾸어 분자끼리 빼고, 대분수로 나타냅니다.

$$5\dfrac{2}{5}-3\dfrac{4}{5}=\dfrac{27}{5}-\dfrac{19}{5}=\dfrac{8}{5}=1\dfrac{3}{5}$$

분수의 덧셈과 뺄셈

스스로 정리 분수의 덧셈과 뺄셈을 여러 가지 방법으로 계산해 보세요.

1 $2\dfrac{3}{5}+1\dfrac{4}{5}$

방법1

방법2

2 $4\dfrac{1}{3}-2\dfrac{2}{3}$

방법1

방법2

개념 연결 내용을 정리해 보세요.

주제	뜻 쓰기
분수	$\dfrac{1}{2}$의 뜻:
	$\dfrac{2}{3}$의 뜻:
분수의 종류	진분수의 뜻:
	가분수의 뜻:
	대분수의 뜻:

1 분수의 뜻을 이용하여 분수의 종류별로 덧셈과 뺄셈을 하는 계산 원리를 친구에게 편지로 설명해 보세요.

(진분수)＋(진분수)

(진분수)－(진분수)

(대분수)＋(대분수)

(대분수)－(대분수)

1 강이가 친구의 생일 선물을 포장하는 데 리본을 $2\frac{3}{7}$ m 사용했더니 $3\frac{4}{7}$ m가 남았습니다. 선물을 포장하기 전 처음 리본의 길이는 몇 m였는지 구하고 다른 사람에게 설명해 보세요.

2 슬기는 빵을 만드는 데 밀가루를 $5\frac{1}{3}$ 컵 사용했고, 도영이는 쿠키를 만드는 데 밀가루를 $2\frac{2}{3}$ 컵 사용했습니다. 슬기는 도영이보다 밀가루를 몇 컵 더 많이 사용했는지 구하고 다른 사람에게 설명해 보세요.

분수의 덧셈과 뺄셈은
이렇게 연결돼요

 3-2
분모가 같은
분수의 크기
비교

 4-2
분모가 같은
분수의 덧셈과
뺄셈

 5-1
분모가 다른
분수의 덧셈과
뺄셈

 5-2
분수의 곱셈

단원평가 기본

1 그림을 보고 ☐ 안에 알맞은 수를 써넣으세요.

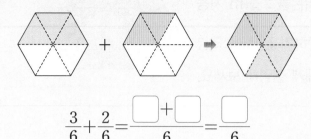

$$\frac{3}{6}+\frac{2}{6}=\frac{\boxed{}+\boxed{}}{6}=\frac{\boxed{}}{6}$$

2 수직선을 보고 ☐ 안에 알맞은 수를 써넣으세요.

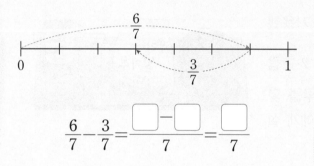

$$\frac{6}{7}-\frac{3}{7}=\frac{\boxed{}-\boxed{}}{7}=\frac{\boxed{}}{7}$$

3 ☐ 안에 알맞은 수를 써넣으세요.

(1) $\dfrac{3}{5}+\dfrac{4}{5}=\dfrac{\boxed{}}{5}=\boxed{}\dfrac{\boxed{}}{5}$

(2) $1-\dfrac{3}{6}=\dfrac{\boxed{}}{\boxed{}}-\dfrac{3}{6}=\dfrac{\boxed{}}{6}$

4 계산해 보세요.

(1) $3\dfrac{2}{8}+2\dfrac{5}{8}$

(2) $2\dfrac{5}{6}+4\dfrac{4}{6}$

(3) $4-2\dfrac{3}{4}$

(4) $6\dfrac{1}{3}-2\dfrac{2}{3}$

5 ☐ 안에 알맞은 분수를 써넣으세요.

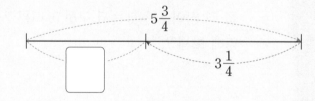

6 계산 결과를 비교하여 ◯ 안에 >, =, <를 알맞게 써넣으세요.

$$3\dfrac{1}{9}-1\dfrac{4}{9}\ \bigcirc\ \dfrac{7}{9}+\dfrac{8}{9}$$

32

7 가장 큰 수와 가장 작은 수의 합과 차를 구해 보세요.

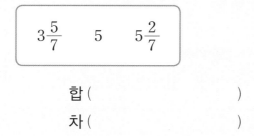

$$3\frac{5}{7} \qquad 5 \qquad 5\frac{2}{7}$$

합 (   )

차 (   )

8 승현이는 떡볶이를 만드는 데 물 $2\frac{2}{5}$컵, 라면을 만드는 데 물 $2\frac{4}{5}$컵을 사용했습니다. 승현이가 사용한 물의 양은 모두 몇 컵인지 구해 보세요.

(1) 그림으로 나타내어 구해 보세요.

풀이

(2) 식으로 나타내고 2가지 방법으로 계산해 보세요.

방법1

방법2

9 ☐ 안에 들어갈 수 있는 자연수를 모두 구해 보세요.

$$\frac{7}{8} + \frac{\square}{8} < 1\frac{2}{8}$$

(   )

10 찰흙이 $2\frac{1}{4}$개 있습니다. 시진이가 만들기를 하는 데 찰흙 $1\frac{3}{4}$개를 사용했다면 남은 찰흙은 몇 개인지 구해 보세요.

(1) 수직선으로 나타내어 구해 보세요.

풀이

(2) 식으로 나타내고 2가지 방법으로 계산해 보세요.

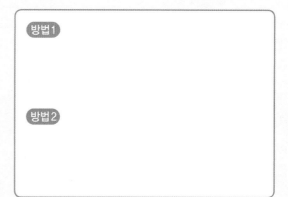

방법1

방법2

1 <u>조건</u>을 만족하는 두 대분수의 차를 구해 보세요.

> <u>조건</u>
>
> ㉠ 두 분수의 합은 $9\frac{2}{7}$입니다.   ㉡ 두 분수의 분모는 같습니다.
>
> ㉢ 큰 분수의 분자는 3입니다.   ㉣ 작은 분수는 3보다 크고 4보다 작습니다.

(   )

2 바다와 강이의 질문에 대한 자신의 대답을 써 보세요.

(1)

바다

> $1\frac{2}{6}+\frac{3}{6}$을 계산할 거야.
>
> $1\frac{2}{6}+\frac{3}{6}=\frac{8}{6}+\frac{3}{6}=\frac{8+3}{6+6}=\frac{11}{12}$이지?

> 풀이

(2)

강

> $2\frac{1}{7}-1\frac{6}{7}$을 계산할 거야.
>
> $2\frac{1}{7}-1\frac{6}{7}=(2-1)+\left(\frac{6}{7}-\frac{1}{7}\right)=1+\frac{5}{7}=1\frac{5}{7}$가 되는 거지?

> 풀이

3 요리를 하는 데 필요한 재료의 양을 보고 물음에 답하세요.

	짜장	카레
양파	$1\frac{2}{4}$개	$2\frac{3}{4}$개
당근	$\frac{2}{3}$개	$1\frac{1}{3}$개
감자	$1\frac{1}{2}$개	$1\frac{1}{2}$개

(1) 짜장과 카레를 만들기 위해 필요한 양파는 모두 몇 개인가요?

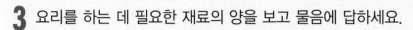

( )

(2) 카레에 들어가는 당근은 짜장에 들어가는 당근보다 몇 개 더 많은 가요?

( )

4 멀리뛰기 대회의 남자 초등부 기록은 약 $5\frac{7}{10}$ m이고, 남자 중학부 기록은 약 $7\frac{2}{10}$ m입니다. 남자 중학부 기록과 남자 초등부 기록의 차는 얼마인지 구해 보세요.

풀이

( )

5 강이는 생일에 친구들을 초대하여 피자를 먹었습니다. 피자 8판 중 $1\frac{5}{8}$판이 남았다면 강이가 친구들과 먹은 피자는 몇 판인지 구해 보세요.

풀이

( )

2 삼각형에는 어떤 종류가 있을까요?

삼각형

★ 이등변삼각형과 정삼각형을 알 수 있어요.
★ 직각삼각형, 예각삼각형, 둔각삼각형을 알 수 있어요.

✔ Check
**스스로
다짐하기**

☐ 정답을 맞히는 것도 중요하지만, 문제를 푼 과정을 설명하는 것도 중요해요.

☐ 새롭고 어려운 내용이 많지만, 꼼꼼하게 풀어 보세요.

☐ 스스로 과제를 해결하는 것이 힘들지만, 참고 이겨 내면 기분이 더 좋아져요.

꼬리에 꼬리를 무는 개념 ✦

각도
3-1-2
- 각의 크기 비교 및 각도 알기
- 각도 재기 및 그리기
- 예각과 둔각 알기
- 각도의 어림, 합과 차 구하기
- 삼각형 및 사각형의 각의 크기의 합

사각형
4-2-2
- 수직과 수선을 알고 수선 긋기
- 평행과 평행선 알기
- 평행선 사이의 거리 알기
- 사다리꼴, 평행사변형, 마름모, 직사각형, 정사각형 알기

평면도형
4-1-2
- 선분, 반직선, 직선 알아보기
- 각과 직각 이해하기
- 직각삼각형, 직사각형, 정사각형 알기

삼각형
4-2-4
- 변의 길이 또는 각의 크기에 따라 삼각형 분류하기
- 이등변삼각형, 정삼각형 알기
- 직각삼각형, 예각삼각형, 둔각삼각형 알기

스스로 계획 짜기 ✏️

1일차	2일차	3일차	4일차	5일차
____월 ____일	____월 ____일	____월 ____일	____월 ____일	____월 ____일

6일차	7일차	8일차
____월 ____일	____월 ____일	____월 ____일

기억하기

3-1 직각삼각형

4-1 예각과 둔각

4-1 삼각형 세 각의 크기의 합

기억 1 직각삼각형

한 각이 직각인 삼각형을 직각삼각형이라고 합니다.

1 점 종이에 서로 다른 직각삼각형 2개를 그려 보세요.

2 직각삼각형을 모두 찾아 기호를 써 보세요.

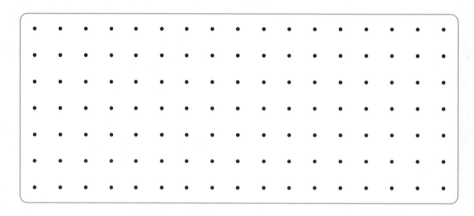

(   )

기억 2 예각과 둔각

• 각도가 0°보다 크고 직각보다 작은 각을 예각이라고 합니다.

• 각도가 직각보다 크고 180°보다 작은 각을 둔각이라고 합니다.

3 각을 보고 예각, 둔각 중 어느 것인지 □ 안에 알맞게 써넣으세요.

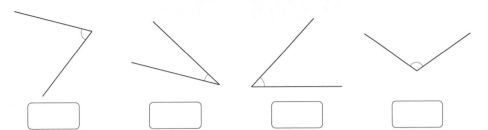

4 주어진 선분을 이용하여 예각과 둔각을 그려 보세요.

(1) 예각

(2) 둔각

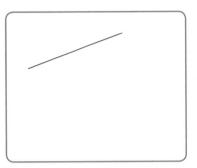

기억 **3** 삼각형 세 각의 크기의 합

삼각형의 세 각의 크기의 합은 180°입니다.

5 그림을 보고 삼각형의 세 각의 크기의 합을 구해 보세요.

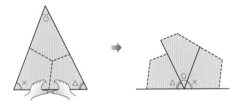

(   )

6 삼각형의 세 각의 크기의 합을 이용하여 □ 안에 알맞은 각도를 써넣으세요.

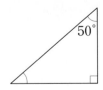

$50° +$ ☐ $+$ ☐ $=$ ☐

삼각형은 몇 가지인가요?

1 바다는 동생과 함께 여러 가지 모양의 삼각형 블록으로 모양 만들기 놀이를 하고 있습니다. 그림을 보고 물음에 답하세요.

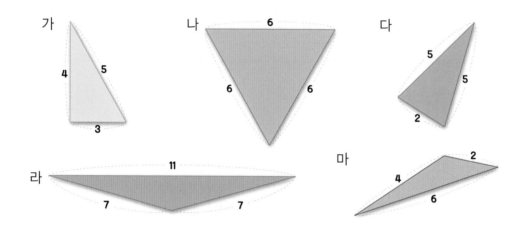

(1) 변의 길이를 기준으로 분류해 보세요.

(2) 변의 길이를 기준으로 (1)과 다르게 분류해 보세요.

2 산이는 생활 속에서 찾은 여러 가지 삼각형을 변의 길이에 따라 분류하려고 합니다. 그림을 보고 물음에 답하세요.

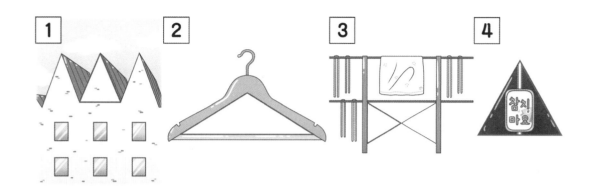

(1) 자를 사용하여 삼각형의 변의 길이를 재어 보고 삼각형의 변의 길이에 대해 설명해 보세요.

(2) 삼각형을 변의 길이에 따라 분류해 보세요.

이등변삼각형과 정삼각형

 여러 가지 모양의 삼각형을 보고 물음에 답하세요.

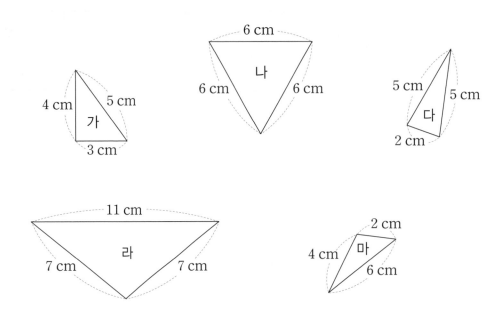

(1) 변의 길이에 따라 분류하려면 어떻게 해야 하나요?

(2) 길이가 같은 변이 있는 삼각형과 변의 길이가 모두 다른 삼각형으로 분류하여 기호를 써 보세요.

길이가 같은 변이 있는 삼각형	변의 길이가 모두 다른 삼각형

(3) (2)에서 분류한 길이가 같은 변이 있는 삼각형을 두 변의 길이만 같은 삼각형과 세 변의 길이가 모두 같은 삼각형으로 분류하여 기호를 써 보세요.

두 변의 길이만 같은 삼각형	세 변의 길이가 모두 같은 삼각형

개념 정리 이등변삼각형, 정삼각형

• 두 변의 길이가 같은 삼각형을 이등변삼각형이라고 합니다.

  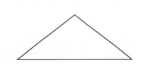

• 세 변의 길이가 모두 같은 삼각형을 정삼각형이라고 합니다.

2 자를 사용하여 삼각형의 변의 길이를 재어 보고 물음에 답하세요.

(1) 이등변삼각형을 모두 찾아 기호를 써 보세요.

(   )

(2) 정삼각형을 모두 찾아 기호를 써 보세요.

(   )

이등변삼각형의 성질은 무엇인가요?

 강이는 색종이를 사용하여 이등변삼각형을 만들었습니다. 그림을 보고 물음에 답하세요.

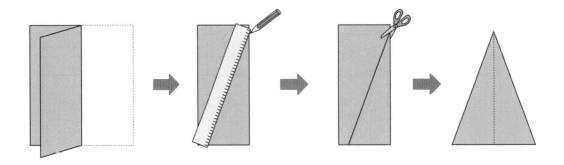

(1) 강이가 만든 삼각형이 이등변삼각형인 이유를 써 보세요.

(2) 두 변의 길이가 같은 삼각형을 이등변삼각형이라고 합니다. 이등변삼각형의 두 각의 크기도 같을지 추측해 보세요.

(3) 각도기로 이등변삼각형의 두 각의 크기를 재어 (2)에서 추측한 내용을 확인하고, 두 각의 크기가 같다면 왜 같은지 설명해 보세요.

2 자와 각도기를 사용하여 다음 삼각형을 그려 보세요.

(1) 두 변의 길이가 각각 3 cm인 삼각형을 그리고, 세 각의 크기를 재어 알게 된 것을 써 보세요.

(2) 두 각의 크기가 각각 50°인 삼각형을 그리고, 세 변의 길이를 재어 알게 된 것을 써 보세요.

3 강이는 탁상 달력에서 삼각형을 찾아 그림과 같이 나타내었습니다. 물음에 답하세요.

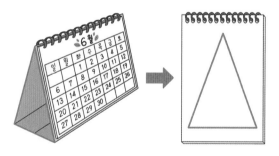

(1) 강이가 그린 삼각형을 이등변삼각형이라고 할 수 있을까요?

(2) 이등변삼각형인지 아닌지 확인하는 방법을 설명해 보세요.

이등변삼각형의 성질

1 이등변삼각형의 성질을 알아보세요.

(1) 각도기를 사용하여 이등변삼각형의 세 각의 크기를 재고 ☐ 안에 알맞은 각도를 써 넣으세요.

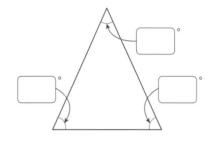

(2) (1)에서 알게 된 이등변삼각형의 성질을 써 보세요.

2 이등변삼각형을 그리고, 성질을 알아보세요.

(1) 자를 사용하여 주어진 선분을 한 변으로 하는 이등변삼각형을 그려 보세요.

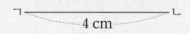

ㄱ ———— 4 cm ———— ㄴ

(2) 각도기를 사용하여 (1)에서 그린 이등변삼각형의 각의 크기를 재고 이등변삼각형의 성질을 확인해 보세요.

3 두 각의 크기가 같은 삼각형을 그려 보세요.

(1) 각도기를 사용하여 주어진 선분의 양 끝에 두 각의 크기가 각각 45°인 각을 그리고, 두 각의 변이 만나는 점을 찾아 삼각형을 완성해 보세요.

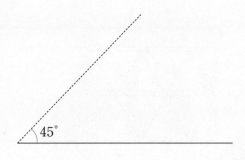

(2) (1)에서 그린 삼각형의 변의 길이를 자로 재어 어떤 삼각형인지 이름을 써 보세요.

개념 정리 | 이등변삼각형의 성질

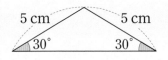

• 이등변삼각형은 길이가 같은 두 변에 있는 두 각의 크기가 같습니다.
• 어떤 삼각형에서 두 각의 크기가 같은 삼각형은 두 변의 길이가 같으므로 이등변삼각형입니다.

세 변의 길이가 같은 삼각형의 특징은 무엇일까요?

1 강이는 가족과 제주도를 여행하던 중 특이한 건물을 보았습니다. 건물을 잘 살펴보고 물음에 답하세요.

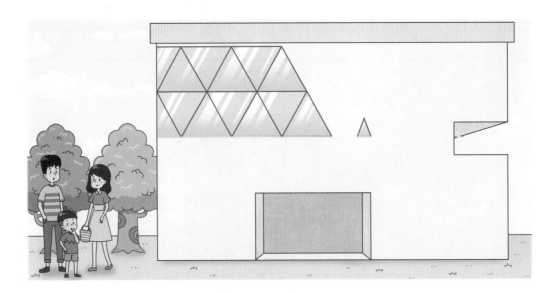

(1) 건물의 창문에서 볼 수 있는 도형은 어떤 것이 있나요?

(2) (1)에서 찾은 도형들은 어떤 특징이 있나요?

(3) (1)의 도형에서 각도기를 사용하여 찾을 수 있는 또 다른 특징은 무엇인가요?

2 정삼각형을 알아보세요.

(1) 자를 사용하여 정삼각형을 완성하고, 각도기를 사용하여 세 각의 크기를 재어 보세요.

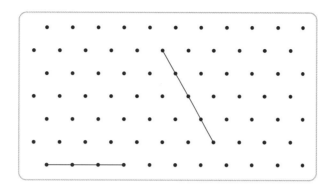

(2) 각도기를 사용하여 (1)에서 그린 정삼각형의 세 각의 크기를 재어 알게 된 점을 써 보세요.

3 세 각의 크기가 같은 삼각형을 그려 보세요.

(1) 각도기를 사용하여 세 각의 크기가 같은 삼각형을 그려 보세요.

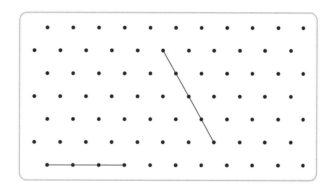

(2) 자를 사용하여 (1)에서 그린 삼각형의 세 변의 길이를 재어 어떤 삼각형인지 이름을 써 보세요.

정삼각형의 성질

 정삼각형의 성질을 알아보세요.

(1) 각도기를 사용하여 정삼각형의 세 각의 크기를 재고 ☐ 안에 알맞은 각도를 써넣으세요.

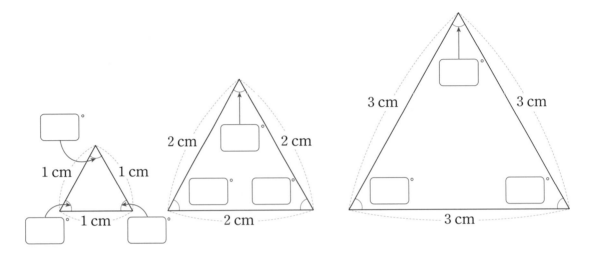

(2) (1)에서 알게 된 정삼각형의 성질을 써 보세요.

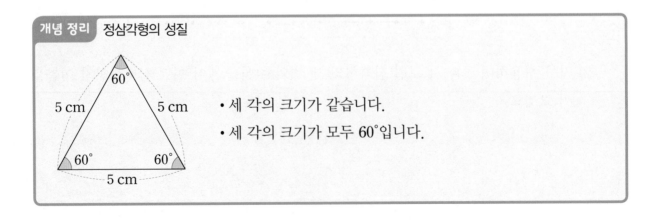

개념 정리 ┃ 정삼각형의 성질

• 세 각의 크기가 같습니다.
• 세 각의 크기가 모두 60°입니다.

2 정삼각형을 그리고, 성질을 알아보세요.

(1) 자를 사용하여 정삼각형을 그려 보세요.

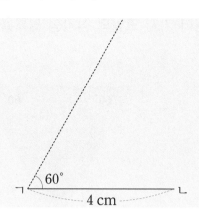

60°

4 cm

(2) (1)에서 그린 정삼각형의 각의 크기를 각도기로 재어 정삼각형의 성질을 확인해 보세요.

3 세 각의 크기가 같은 삼각형을 그려 보세요.

(1) 각도기를 사용하여 주어진 선분의 양 끝에 두 각의 크기가 각각 60°인 각을 그리고, 두 각의 변이 만나는 점을 찾아 삼각형을 완성해 보세요.

(2) (1)에서 그린 삼각형의 변의 길이를 자로 재어 어떤 삼각형인지 이름을 써 보세요.

삼각형 블록을 어떻게 나눌 수 있을까요?

1 하늘이는 동생과 함께 여러 가지 모양의 삼각형 블록을 분류하고 있습니다. 그림을 보고 물음에 답하세요.

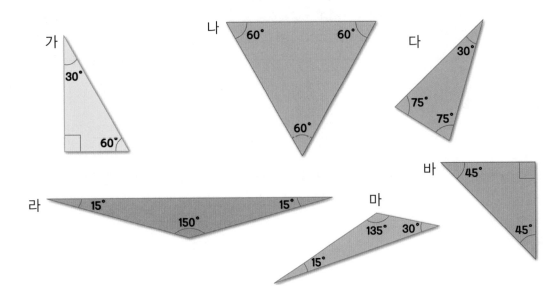

(1) 각의 크기를 기준으로 분류해 보세요.

(2) 각의 크기를 기준으로 (1)과 다르게 분류해 보세요.

2 하늘이는 강이와 함께 도형 그리기 놀이를 하고 있습니다. 하늘이의 설명을 보고 물음에 답하세요.

내가 설명하는 도형을 그려 볼래?
- 변이 3개입니다.
- 두 변의 길이가 같습니다.
- 한 각이 둔각입니다.

하늘

(1) 하늘이가 설명하는 도형을 그려 보세요.

(2) 자와 각도기를 사용하여 (1)에서 그린 삼각형의 세 변의 길이와 세 각의 크기를 재어 성질을 확인해 보세요.

예각삼각형과 둔각삼각형

1 여러 가지 모양의 삼각형을 보고 물음에 답하세요.

(1) 예각, 직각, 둔각을 ☐ 안에 알맞게 써넣으세요.

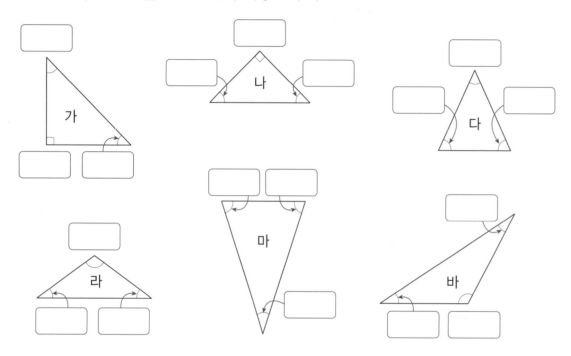

(2) (1)의 삼각형을 세 각이 모두 예각인 삼각형, 직각삼각형, 둔각이 있는 삼각형으로 분류하여 기호를 써 보세요.

세 각이 모두 예각인 삼각형	직각삼각형	둔각이 있는 삼각형

(3) 둔각이 있는 삼각형은 세 각 중 한 각만 둔각입니다. 왜 한 각만 둔각인지 써 보세요.

개념 정리 예각삼각형, 둔각삼각형

• 세 각이 모두 예각인 삼각형을 예각삼각형이라고 합니다.

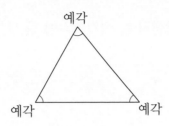

• 한 각이 둔각인 삼각형을 둔각삼각형이라고 합니다.

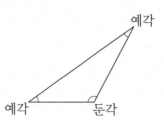

2 각도기를 사용하여 삼각형의 세 각의 크기를 재어 보고 물음에 답하세요.

가   나   다   라   마

 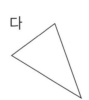 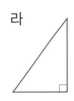 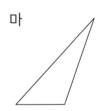

(1) 예각삼각형을 모두 찾아 기호를 써 보세요.

(   )

(2) 직각삼각형을 모두 찾아 기호를 써 보세요.

(   )

(3) 둔각삼각형을 모두 찾아 기호를 써 보세요.

(   )

삼각형 분류하기

 자를 사용하여 점 종이에 예각삼각형, 직각삼각형, 둔각삼각형을 그려 보세요.

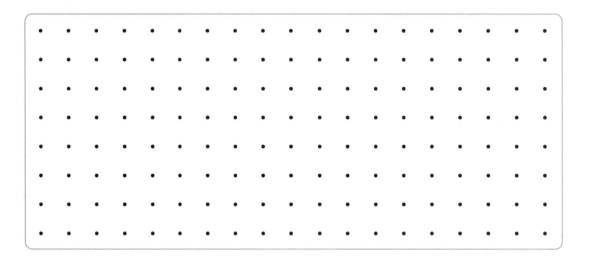

 알맞은 말에 ○표 해 보세요.

(1) 예각삼각형은 (한 , 두 , 세) 각이 예각입니다.

(2) 직각삼각형은 (한 , 두 , 세) 각이 직각입니다.

(3) 둔각삼각형은 (한 , 두 , 세) 각이 둔각입니다.

개념 정리 | 삼각형을 각의 크기에 따라 분류하기

예각삼각형: 세 각이 모두 예각인 삼각형

직각삼각형: 한 각이 직각인 삼각형 ┐
　　　　　　　　　　　　　　　　　 나머지 두 각은 예각이에요.
둔각삼각형: 한 각이 둔각인 삼각형 ┘

3 여러 가지 모양의 삼각형을 분류해 보세요.

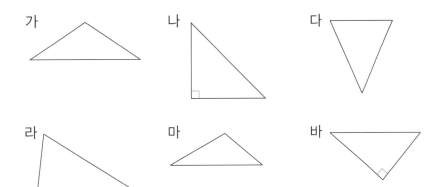

(1) 변의 길이에 따라 분류하여 기호를 써 보세요.

이등변삼각형	
세 변의 길이가 모두 다른 삼각형	

(2) 각의 크기에 따라 분류하여 기호를 써 보세요.

예각삼각형	직각삼각형	둔각삼각형

(3) 변의 길이와 각의 크기에 따라 분류하여 기호를 써 보세요.

	예각삼각형	직각삼각형	둔각삼각형
이등변삼각형			
세 변의 길이가 모두 다른 삼각형			

개념 정리 변의 길이와 각의 크기에 따라 삼각형 분류하기

	예각삼각형	직각삼각형	둔각삼각형
이등변삼각형	두 변의 길이가 같고, 세 각이 모두 예각인 삼각형	두 변의 길이가 같고, 한 각이 직각인 삼각형	두 변의 길이가 같고, 한 각이 둔각인 삼각형
세 변의 길이가 모두 다른 삼각형	세 변의 길이가 모두 다르고, 세 각이 모두 예각인 삼각형	세 변의 길이가 모두 다르고, 한 각이 직각인 삼각형	세 변의 길이가 모두 다르고, 한 각이 둔각인 삼각형

삼각형

개념 정리 뜻과 성질을 정리해 보세요.

1 삼각형의 뜻을 써 보세요.

(1) 이등변삼각형:

(2) 정삼각형:

(3) 예각삼각형:

(4) 직각삼각형:

(5) 둔각삼각형:

---

2 이등변삼각형의 성질을 정리해 보세요.

개념 연결 빈칸에 알맞은 말이나 수를 써넣고 삼각형의 뜻을 써 보세요.

주제	뜻과 성질 쓰기
각의 종류	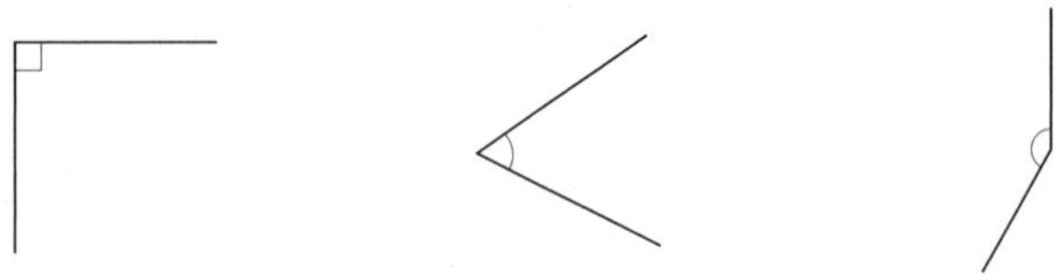
삼각형	삼각형의 뜻: 삼각형의 세 각의 크기의 합은 [ ]입니다.

---

1 주어진 삼각형을 보고 알 수 있는 사실을 친구에게 편지로 설명해 보세요.

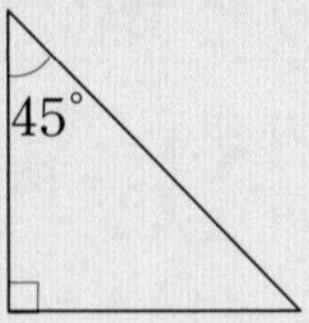

선생님 놀이

1 주어진 삼각형이 이등변삼각형인지 아닌지 알아보고 다른 사람
에게 설명해 보세요.

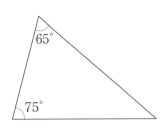

2 정육각형의 한 각의 크기는 120°입니다. 정육각형을 잘라 4개의
삼각형을 만들었을 때 네 삼각형 중 예각삼각형은 몇 개인지 다른
사람에게 설명해 보세요.

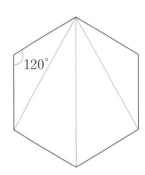

삼각형은 이렇게 연결돼요

 예각, 둔각

 삼각형

 사각형

 다각형

1 이등변삼각형을 찾아 ○표 해 보세요.

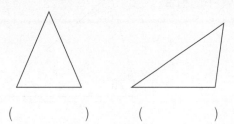

(   )   (   )

2 다음 도형은 이등변삼각형입니다. □ 안에 알맞은 수를 써넣으세요.

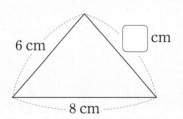

6 cm   □ cm

8 cm

3 다음 도형이 이등변삼각형이라는 것을 알 수 있는 방법을 2가지 써 보세요.

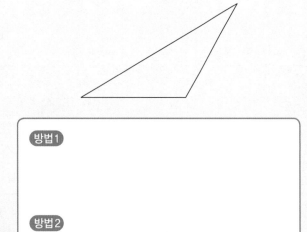

방법1

방법2

4 □ 안에 알맞은 각도를 써넣으세요.

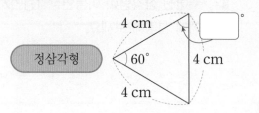

정삼각형

4 cm   □°

60°   4 cm

4 cm

5 □ 안에 알맞은 말을 써넣으세요.

세 각이 □ 인 삼각형을 예각삼각형이라고 합니다.

6 주어진 선분을 한 변으로 하는 삼각형을 그리려고 합니다. 물음에 답하세요.

①   ②   ③   ④   ⑤

(1) 예각삼각형을 그리려면 주어진 선분의 양 끝점과 어느 점을 이어야 할까요?

(   )

(2) 둔각삼각형을 그리려면 주어진 선분의 양 끝점과 어느 점을 이어야 할까요?

(   )

(3) 직각삼각형을 그리려면 주어진 선분의 양 끝점과 어느 점을 이어야 할까요?

(   )

[7~9] 삼각형을 보고 물음에 답하세요.

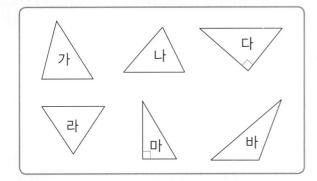

7 예각삼각형을 모두 찾아 기호를 써 보세요.

(   )

8 둔각삼각형을 모두 찾아 기호를 써 보세요.

(   )

9 직각삼각형을 모두 찾아 기호를 써 보세요.

(   )

10 ☐ 안에 알맞은 수를 써넣으세요.

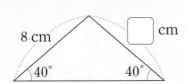

11 점 종이에 둔각삼각형을 1개 그려 보세요.

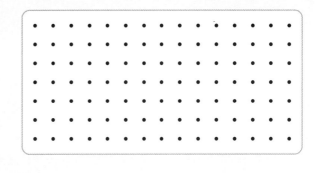

12 (   ) 안에 예각삼각형은 '예', 둔각삼각형은 '둔', 직각삼각형은 '직'을 써넣으세요.

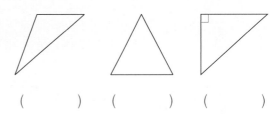

(   )   (   )   (   )

13 세 변의 길이의 합이 33 cm인 정삼각형의 한 변의 길이는 몇 cm일까요?

풀이

(   )

단원평가 심화

1 삼각형을 보고 물음에 답하세요.

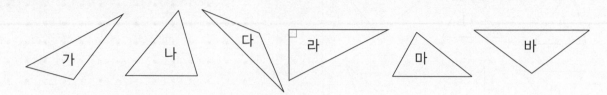

(1) 변의 길이에 따라 분류하여 기호를 써 보세요.

이등변삼각형	
세 변의 길이가 모두 다른 삼각형	

(2) 각의 크기에 따라 분류하여 기호를 써 보세요.

예각삼각형	직각삼각형	둔각삼각형

(3) 변의 길이와 각의 크기에 따라 분류하여 기호를 써 보세요.

	예각삼각형	직각삼각형	둔각삼각형
이등변삼각형			
세 변의 길이가 모두 다른 삼각형			

2 직사각형 모양의 종이를 아래와 같이 접어서 만든 삼각형 ㄱㄴㄷ이 이등변삼각형인 이유를 써 보세요.

이유 _____

_____

3 직각삼각형의 직각 외에 나머지 한 각의 크기가 될 수 <u>없는</u> 각도는 어느 것인가요? (　　　)

① 35° 　　　② 15° 　　　③ 90° 　　　④ 45° 　　　⑤ 85°

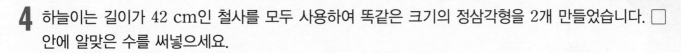

4 하늘이는 길이가 42 cm인 철사를 모두 사용하여 똑같은 크기의 정삼각형을 2개 만들었습니다. ☐ 안에 알맞은 수를 써넣으세요.

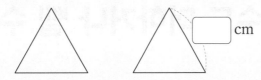

☐ cm

5 삼각형의 세 각 중 두 각의 크기를 나타낸 것입니다. 물음에 답하세요.

㉠ 30° 50°	㉡ 45° 45°	㉢ 60° 70°
㉣ 90° 45°	㉤ 40° 60°	㉥ 10° 30°

(1) 예각삼각형을 모두 찾아 기호를 써 보세요. ( )

(2) 직각삼각형을 모두 찾아 기호를 써 보세요. ( )

(3) 둔각삼각형을 모두 찾아 기호를 써 보세요. ( )

6 바다가 점판에 고무줄을 걸어 직각삼각형을 만들었습니다. 둔각삼각형을 만들려면 ㉠에 걸려 있는 고무줄을 어느 방향으로 몇 칸 움직여야 하는지 모두 설명해 보세요.

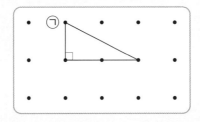

설명

3 소수도 더하거나 뺄 수 있나요?

소수의 덧셈과 뺄셈

✹ 0.1보다 작은 수를 소수로 나타낼 수 있어요.

✹ 소수 한 자리 수, 소수 두 자리 수, 소수 세 자리 수의 관계를 알 수 있어요.

✹ 소수의 덧셈과 뺄셈을 할 수 있어요.

✓ Check

스스로 다짐하기

☐ 정답을 맞히는 것도 중요하지만, 문제를 푼 과정을 설명하는 것도 중요해요.

☐ 새롭고 어려운 내용이 많지만, 꼼꼼하게 풀어 보세요.

☐ 스스로 과제를 해결하는 것이 힘들지만, 참고 이겨 내면 기분이 더 좋아져요.

꼬리에 꼬리를 무는 개념 ✦

분수의 덧셈과 뺄셈
- 분모가 같은 진분수의 덧셈과 뺄셈하기
- 분모가 같은 대분수, 가분수의 덧셈과 뺄셈하기

3-1-6

소수의 곱셈
- (소수)×(자연수), (자연수)×(소수), (소수)×(소수)의 계산하기
- 소수의 곱셈에서 곱의 소수점의 위치 알기

4-2-3

분수와 소수
- 분수 이해하기
- 분모가 10인 진분수를 통하여 소수 개념 이해하기
- 자연수와 소수 이해하기
- 소수의 크기 비교하기

4-2-1

소수의 덧셈과 뺄셈
- 소수 두 자리 수와 소수 세 자리 수 알기
- 소수 사이의 관계 알기
- 소수의 덧셈과 뺄셈하기

5-2-4

스스로 계획 짜기 ✏️

1일차	2일차	3일차	4일차	5일차
____월 ____일	____월 ____일	____월 ____일	____월 ____일	____월 ____일

6일차	7일차
____월 ____일	____월 ____일

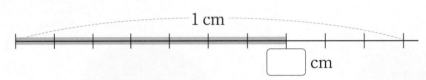

분수를 소수로
나타내기

1보다
큰 소수

소수의
크기 비교

기억 1 분수를 소수로 나타내기

$\frac{1}{10}, \frac{2}{10}, \frac{3}{10} \cdots\cdots \frac{9}{10}$ 를 0.1, 0.2, 0.3 $\cdots\cdots$ 0.9라 쓰고 영 점 일, 영 점 이, 영 점 삼 $\cdots\cdots$ 영 점 구라고 읽습니다.

1 □ 안에 알맞은 소수를 써넣으세요.

1 cm

□ cm

2 관계있는 것끼리 선으로 이어 보세요.

$\frac{3}{10}$ ·   · 0.9 ·   · 영 점 팔

$\frac{8}{10}$ ·   · 0.3 ·   · 영 점 삼

$\frac{9}{10}$ ·   · 0.8 ·   · 영 점 구

기억 2 소수

0.5는 0.1이 5개입니다.

3 □ 안에 알맞은 수를 써넣으세요.

(1) 0.1이 6개인 수는 □ 입니다.

(2) 0.1이 4개인 수는 □ 입니다.

(3) 0.7은 0.1이 □ 개인 수입니다.

7과 0.3만큼을 7.3이라 쓰고 칠 점 삼이라고 읽습니다.

4 수직선에서 ↓표 한 부분에 알맞은 분수와 소수를 써 보세요.

(1)

분수 (   ), 소수 (   )

(2)

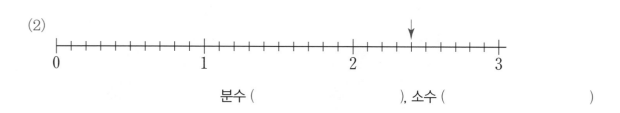

분수 (   ), 소수 (   )

0.5는 0.1이 5개이고, 0.3은 0.1이 3개이므로 0.5가 0.3보다 큽니다.

5 그림에 두 소수를 나타내고 크기를 비교하여 ○ 안에 >, =, <를 알맞게 써넣으세요.

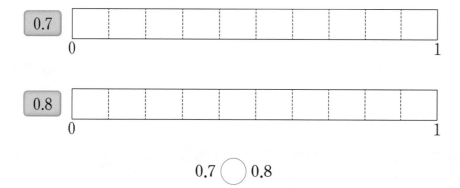

0.7 ◯ 0.8

0.1보다 작은 소수는 어떻게 쓸까요?

1 자동차는 겉으로 보이는 모양이 같아도 사용하는 연료에 따라 이산화탄소를 배출하는 양이 다릅니다. 다음 그림은 자동차가 1 km를 갈 때 배출하는 이산화탄소의 양을 kg으로 나타낸 것입니다. 물음에 답하세요.

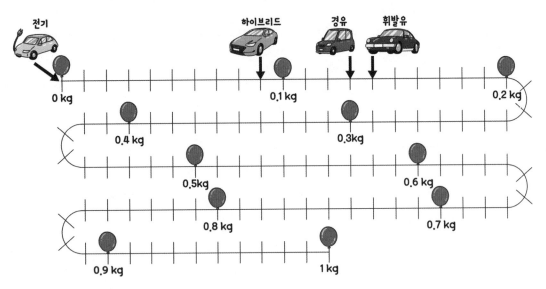

(1) 🎈에서 🎈까지는 무엇을 나타낼까요?

(2) 🎈에서 🎈까지, 🎈에서 🎈까지는 무엇을 나타낼까요?

(3) 각각의 연료에 따른 자동차가 1 km를 갈 때 배출하는 이산화탄소의 양을 구해 보세요.

자동차	이산화탄소 양	자동차	이산화탄소 양
전기 자동차		하이브리드 자동차	
휘발유 자동차		경유 자동차	

(4) (3)에서 자동차의 이산화탄소 배출량을 어떻게 나타내었나요? 다른 방법도 생각하여 써 보세요.

2 자동차는 겉으로 보이는 모양이 같아도 사용하는 연료에 따라 갈 수 있는 거리가 다릅니다. 다음 그림은 자동차가 1 km를 갈 때 사용하는 연료의 양을 L로 나타낸 것입니다. 물음에 답하세요.

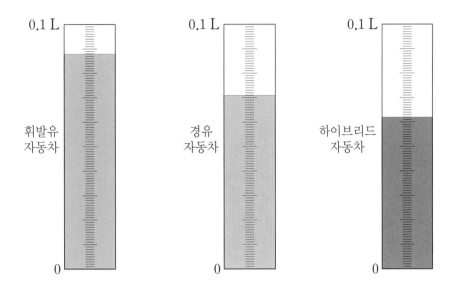

(1) 그림에서 연료를 모두 채웠을 때의 양은 얼마인가요?

(2) 각각의 연료에 따른 자동차가 1 km를 갈 때 사용하는 연료의 양을 구해 보세요.

휘발유 자동차	
경유 자동차	
하이브리드 자동차	

(3) (2)에서 자동차의 연료 사용량을 어떻게 나타내었나요? 다른 방법도 생각하여 써 보세요.

3 자동차를 구입한다면 어떤 자동차를 선택하겠습니까? 그 이유를 써 보세요.

소수 두 자리 수

 모눈종이로 소수를 알아보려고 해요.

(1) 모눈종이 전체의 크기를 1이라고 할 때 $\frac{1}{10}$ 만큼을 빨간색으로 칠해 보세요.

(2) 모눈종이 전체의 크기를 1이라고 할 때 $\frac{1}{100}$ 만큼을 파란색으로 칠해 보세요.

(3) $\frac{1}{10}$ 을 소수로 나타내어 보세요.

(   )

(4) $\frac{1}{100}$ 은 소수로 어떻게 나타내면 좋을지 쓰고, 그 이유를 설명해 보세요.

개념 정리 | 소수 두 자리 수

$\dfrac{1}{100}=0.01$

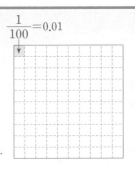

- 분수 $\dfrac{1}{100}$ 은 소수로 0.01이라 쓰고, 영 점 영일이라고 읽습니다.

$$\dfrac{1}{100}=0.01$$

- 분수 $\dfrac{24}{100}$ 는 소수로 0.24라 쓰고, 영 점 이사라고 읽습니다.

→ 소수점 아래는 숫자만 읽어요.

$$\dfrac{24}{100}=0.24$$

2 그림을 보고 물음에 답하세요.

(1) 모눈종이 전체의 크기를 1이라고 할 때 색칠한 부분을 분수로 나타내어 보세요.

(   )

(2) 모눈종이 전체의 크기를 1이라고 할 때 색칠한 부분을 소수로 나타내어 보세요.

(   )

3 □ 안에 알맞은 수를 써넣고, ↓표 한 부분을 분수와 소수로 나타내어 보세요.

2   2.1 □ □ □ □ □ □ □   3

$2\dfrac{1}{10}$ □ □ □ □ □ □ □

분수 (   ), 소수 (   )

소수 세 자리 수

개념 정리 소수 세 자리 수

- 분수 $\frac{1}{1000}$은 소수로 0.001이라 쓰고, 영 점 영영일이라고 읽습니다.

- 분수 $\frac{543}{1000}$은 소수로 0.543이라 쓰고, 영 점 오사삼이라고 읽습니다.

$$\frac{543}{1000}=0.543$$

1 소수 세 자리 수를 알아보세요.

(1) 0.01을 분수로 나타내어 보세요.

(   )

(2) ↓표 한 부분을 분수와 소수로 나타내어 보세요.

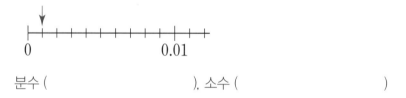

분수 (   ), 소수 (   )

(3) ↓표 한 부분을 분수와 소수로 나타내어 보세요.

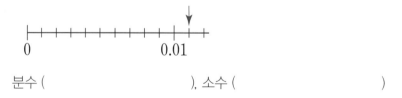

분수 (   ), 소수 (   )

2 분수를 소수로 나타내어 보세요.

(1) $\frac{534}{1000}=$ ▭   (2) $\frac{47}{1000}=$ ▭

3 ☐ 안에 알맞은 수를 써넣고, 화살표 한 부분을 분수와 소수로 나타내어 보세요.

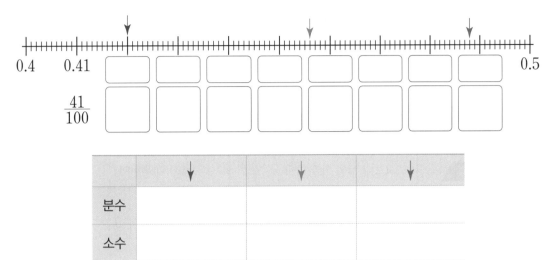

	↓	↓	↓
분수			
소수			

4 ☐ 안에 알맞은 소수를 써넣으세요.

(1) $\frac{1}{1000}$이 8개인 수는 ☐ 입니다.

(2) $\frac{1}{1000}$이 38개인 수는 ☐ 입니다.

(3) $\frac{1}{1000}$이 538개인 수는 ☐ 입니다.

(4) $\frac{1}{1000}$이 2538개인 수는 ☐ 입니다.

5 ☐ 안에 알맞은 소수를 써 보세요.

(1) 1이 11개, 0.1이 8개, 0.01이 6개, 0.001이 4개인 수는 ☐ 입니다.

(2) 일의 자리 숫자가 5이고, 소수 둘째 자리 숫자가 3이고, 소수 셋째 자리의 숫자가 6
인 수는 ☐ 입니다.

6 빈칸에 알맞은 수를 써넣으세요.

생각열기 ❷
소수의 크기는 어떻게 비교할까요?

1 강이와 바다의 대화를 보고 물음에 답하세요.

강

> 0.63은 0.452보다
> 더 큰 수야. 왜냐하면,
> 소수 첫째 자리의 수인 6은
> 4보다 크기 때문이야.

> 0.452가 0.63보다
> 더 큰 수야.
> 왜냐하면, 452는 63보다
> 크기 때문이야.

바다

(1) 강이와 바다의 대화에서 잘못된 곳을 찾고 그 이유를 써 보세요.

(2) 0.63과 0.452를 분수로 나타내고 크기를 비교하는 방법을 설명해 보세요.

(3) 0.1, 0.01, 0.001을 이용하여 0.63과 0.452의 크기를 비교하는 방법을 설명해 보세요.

2 여러 가지 방법을 이용하여 0.56과 0.72의 크기를 비교해 보세요.

(1) 수직선을 이용하여 크기를 비교하고 비교한 방법을 설명해 보세요.

(2) 모눈종이를 이용하여 크기를 비교하고 비교한 방법을 설명해 보세요.

(3) 다른 방법으로 크기를 비교하고 비교한 방법을 설명해 보세요.

0.56 ◯ 0.72

3 0.1, 0.01, 0.001을 자유롭게 이용하여 0.5와 0.50의 크기를 비교해 보세요.

소수의 크기 비교

개념 정리	두 소수의 크기는 다음의 순서에 따라 비교해요

첫째, 자연수를 비교합니다.

둘째, 자연수 부분이 같다면 소수 첫째 자리의 수를 비교합니다.

셋째, 소수 첫째 자리까지 같다면 소수 둘째 자리의 수를 비교합니다.

넷째, 소수 둘째 자리까지 같다면 소수 셋째 자리의 수를 비교합니다.

 물을 바다는 0.45 L 마셨고, 산이는 0.52 L 마셨습니다. 물음에 답하세요.

(1) 바다가 마신 물의 양과 산이가 마신 물의 양을 분수로 나타내어 보세요.

바다 (   ), 산 (   )

(2) 바다가 마신 물의 양과 산이가 마신 물의 양은 0.01 L의 몇 배인지 나타내어 보세요.

(3) 바다가 마신 물의 양과 산이가 마신 물의 양을 그림에 나타내어 보세요.

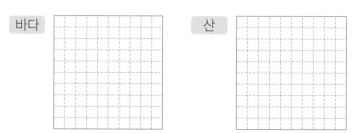

(4) 누가 더 많이 마셨는지 쓰고 그 이유를 설명해 보세요.

2 건강 달리기에 참가하여 바다는 0.4 km를 달렸고, 산이는 0.35 km를 달렸습니다. 누가 더 많이 달렸는지 알아보세요.

(1) 바다가 달린 거리와 산이가 달린 거리를 분수로 나타내어 보세요.

바다 (   ), 산 (   )

(2) 바다가 달린 거리와 산이가 달린 거리는 0.01 km의 몇 배인가요?

바다 (   ), 산 (   )

(3) 바다가 달린 거리와 산이가 달린 거리를 수직선에 나타내어 보세요.

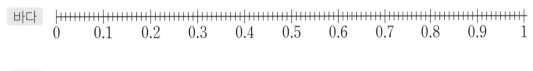

(4) 누가 더 많이 달렸는지 쓰고 그 이유를 설명해 보세요.

3 소수 사이의 관계를 알아보세요.

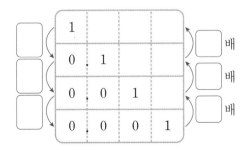

(1) ☐ 안에 알맞은 수를 써넣으세요.

(2) 0.1의 10배는 몇인가요? (   )

(3) 0.01의 $\frac{1}{10}$은 몇인가요? (   )

(4) 0.001의 100배는 몇인가요? (   )

(5) 0.1의 $\frac{1}{100}$은 몇인가요? (   )

77

소수도 더하거나 뺄 수 있을까요?

1 하늘이네가 에너지 효율 1등급인 에어컨과 냉장고를 새로 구입하였더니 이전보다 에어컨은 0.85 킬로와트, 냉장고는 0.6킬로와트의 전기량이 하루에 절약된다고 합니다. 하루에 절약되는 전기량을 모눈종이에 색칠하여 구해 보세요.

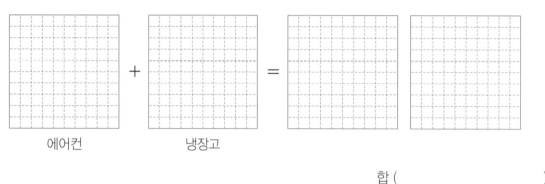

에어컨   냉장고

합 (   )

2 0.77 + 0.54를 다음의 방법으로 계산해 보세요.

(1) 분수로 바꾸어 계산해 보세요.

(2) **0.01**을 이용하여 계산해 보세요.

(3) 세로로 계산해 보세요.

(4) 어느 방법이 가장 편리한가요? 그 이유는 무엇인가요?

3 하늘이는 어머니의 심부름으로 슈퍼에 가서 1.25 L짜리 리필용 주방세제와 0.7 L짜리 플라스틱병 주방세제를 샀습니다. 리필용 주방세제는 플라스틱병 주방세제보다 얼마나 더 많은지 모눈종이에 색칠하여 구해 보세요.

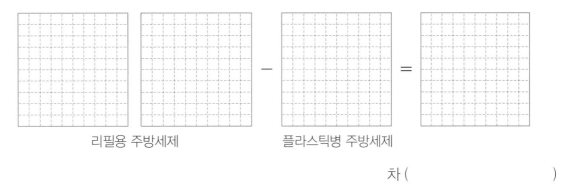

리필용 주방세제   플라스틱병 주방세제

차 (   )

4 0.62 − 0.28을 다음의 방법으로 계산해 보세요.

(1) 분수로 바꾸어 계산해 보세요.

(2) 0.01을 이용하여 계산해 보세요.

(3) 세로로 계산해 보세요.

(4) 어느 방법이 가장 편리한가요? 그 이유는 무엇인가요?

소수의 덧셈

1 강이의 가방 무게는 1.45 kg이고, 책 무게는 1.8 kg입니다. 물음에 답하세요.

(1) 가방과 책의 무게의 합을 분수로 나타내어 계산해 보세요.

(2) 가방과 책의 무게의 합을 0.01의 몇 배로 나타내어 계산해 보세요.

(3) ☐ 안에 알맞은 수를 써넣어 가방과 책의 무게의 합을 계산해 보세요.

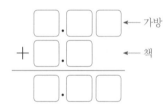

2 식으로 나타내고 계산해 보세요.

(1) 산이는 선물을 포장하기 위해 파란색 리본 0.56 m와 빨간색 리본 0.84 m를 사용했습니다. 산이가 선물을 포장하기 위해 사용한 리본은 몇 m인가요?

식 _____ 답 _____

(2) 하늘이 아버지는 무게가 2.5 t인 트럭에 1.850 t의 배추를 싣고 농수산물 시장으로 갔습니다. 배추를 실은 트럭의 무게는 몇 t인가요?

식 _____ 답 _____

3 바다가 집에서 기차역까지 가는 가장 가까운 길을 찾아보고 있습니다. 그림을 보고 물음에 답하세요.

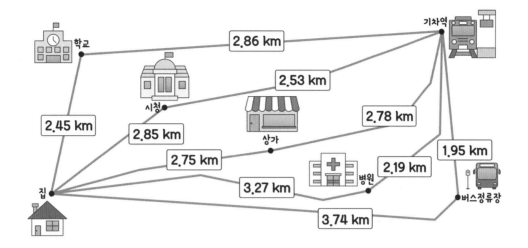

(1) 집에서 기차역까지 가는 길은 몇 가지인가요?

(2) 집에서 기차역까지 가는 길 중 가장 가까운 길은 어디를 지나가는 길인가요?

개념 정리 소수 두 자리 수의 덧셈

• 두 소수를 더할 때는 소수점의 자리를 맞춘 다음 소수점이 없다고 생각하고 자연수의 덧셈과 같은 방법으로 계산합니다. 마지막으로 자연수와 소수를 구분하는 곳에 소수점을 찍어 줍니다.

• 0.7＋1.25의 계산

$$
\begin{array}{r}
0.7\,0 \\
+\ 1.2\,5 \\
\hline
1.9\,5
\end{array}
$$

소수의 뺄셈

1 하늘이가 메고 있는 가방의 무게는 4.2 kg입니다. 가방만의 무게가 1.34 kg일 때, 가방 안에 들어 있는 책의 무게는 몇 kg인지 알아보세요.

(1) 책이 든 가방과 가방만의 무게는 얼마나 차이가 나는지 분수로 나타내어 계산해 보세요.

(2) 책이 든 가방과 가방만의 무게는 얼마나 차이가 나는지 0.01의 몇 배로 나타내어 계산해 보세요.

(3) ☐ 안에 알맞은 수를 써넣어 책이 든 가방과 가방만의 무게의 차이를 계산해 보세요.

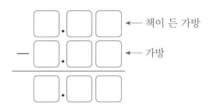

2 식으로 나타내고 계산해 보세요.

(1) 배추와 무를 실은 차의 무게가 4.25 t입니다. 배추를 내린 차의 무게가 3.74 t일 때, 배추의 무게는 몇 t인가요?

식 _____ 답 _____

(2) 산이는 선물을 포장하기 위해 5 m짜리 리본을 1.75 m 잘라 썼습니다. 남은 리본은 몇 m인가요?

식 _____ 답 _____

3 산이는 집에서 기차역까지 가는 가장 가까운 길을 찾아보고 있습니다. 그림을 보고 물음에 답하세요.

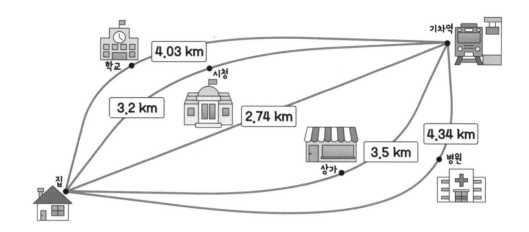

(1) 집에서 기차역까지 가는 길 중 가장 짧은 길의 거리는 몇 km인가요?

(2) 집에서 출발하여 각각 학교, 시청, 상가, 병원을 거쳐 기차역까지 가는 길은 가장 가까운 길보다 얼마나 더 먼 가요?

① 학교를 거쳐 가는 길:

② 시청을 거쳐 가는 길:

③ 상가를 거쳐 가는 길:

④ 병원을 거쳐 가는 길:

개념 정리 소수 두 자리 수의 뺄셈

• 두 소수를 뺄 때는 소수점의 자리를 맞춘 다음 소수점이 없다고 생각하고 자연수의 뺄셈과 같은 방법으로 계산합니다. 마지막으로 자연수와 소수를 구분하는 곳에 소수점을 찍어 줍니다.

• 2.7－1.25의 계산

$$
\begin{array}{r}
2.\overset{6}{7}\overset{10}{0} \\
-\;1.25 \\
\hline
1.45
\end{array}
$$

소수의 덧셈과 뺄셈

스스로 정리 빈 곳에 알맞은 수나 말을 써넣으세요.

1 $\frac{84}{1000}$ 는 소수로 ( )라 쓰고, ( )라고 읽습니다.

2 분수 $\frac{357}{1000}$ 은 소수로 ( )이라 쓰고, ( )이라고 읽습니다.

3 소수 사이의 관계

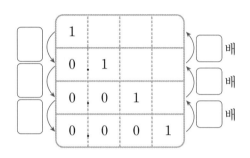

개념 연결 빈 곳에 알맞은 수나 기호를 써넣으세요.

주제	빈칸 채우기
분수와 소수	0 $\frac{1}{10}$ $\frac{2}{10}$ $\frac{3}{10}$ ☐ $\frac{5}{10}$ $\frac{6}{10}$ ☐ $\frac{8}{10}$ $\frac{9}{10}$ 1 0 ☐ 0.2 0.3 0.4 ☐ 0.6 0.7 0.8 ☐ 1
소수의 크기 비교	크기를 비교하여 ○ 안에 >, =, <를 알맞게 써넣으세요. (1) 0.7 ◯ $\frac{5}{10}$　　　　(2) 3.8 ◯ 4.1

1 두 소수의 크기를 비교하여 ○ 안에 >, =, <를 알맞게 써넣고, 그 방법을 친구에게 편지로 설명해 보세요.

(1) 0.57 ◯ 0.6　　　(2) 1.34 ◯ 1.32　　　(3) 2.736 ◯ 2.738

1 밀가루가 1.75 kg짜리 한 봉지, 3 kg짜리 한 봉지 있습니다. 그중에서 2.248 kg으로 빵을 만들었습니다. 사용하고 남은 밀가루는 몇 kg인지 다른 사람에게 설명해 보세요.

2 다음 조건을 만족하는 소수 두 자리 수를 구하고 다른 사람에게 설명해 보세요.

> ㉠ 4보다 크고 5보다 작은 소수입니다.
> ㉡ 소수 첫째 자리 수는 일의 자리 수로 나누어떨어집니다.
> ㉢ 각 자리의 수는 서로 다릅니다.
> ㉣ 이 소수를 100배 하면 일의 자리 수가 7입니다.

소수의 덧셈과 뺄셈은
이렇게 연결돼요

소수의
크기 비교

소수의 덧셈과
뺄셈

소수의 곱셈

소수의 나눗셈

1 ☐ 안에 알맞은 수나 말을 써넣으세요.

7.38에서 7은 ☐의 자리 숫자이고

☐을/를 나타냅니다.

3은 ☐ 자리 숫자

이고 ☐을/를 나타냅니다.

8은 ☐ 자리 숫자

이고 ☐을/를 나타냅니다.

2 소수를 읽어 보세요.

소수	읽기
0.57	
12.08	

3 ☐ 안에 알맞은 수를 써넣으세요.

(1) 1이 12개, 0.1이 8개, 0.01이 6개,

0.001이 5개인 수는 ☐입니다.

(2) 1이 4개, $\frac{1}{10}$이 0개, $\frac{1}{100}$이 6개,

$\frac{1}{1000}$이 7개인 수는 ☐입니다.

4 8이 나타내는 수를 써 보세요.

(1) 8.32 ➡ (   )

(2) 0.183 ➡ (   )

(3) 6.238 ➡ (   )

(4) 1.280 ➡ (   )

5 두 수의 크기를 비교하여 ○ 안에 >, =, < 를 알맞게 써넣으세요.

(1) 14.3 ◯ 9.34

(2) 3.75 ◯ 3.750

(3) 2.45 ◯ 2.5

6 ☐ 안에 알맞은 수를 써넣으세요.

(1) 0.1의 $\frac{1}{10}$인 수는 ☐입니다.

(2) 0.001의 100배인 수는 ☐입니다.

(3) 0.01의 100배인 수는 ☐입니다.

(4) 1의 $\frac{1}{1000}$인 수는 ☐입니다.

7 소수의 덧셈을 계산해 보세요.

(1) $0.5+0.9$

(2) $1.45+3.9$

(3) $5.09+7.28$

(4) $6.5+18.8$

(5)
$$\begin{array}{r} 0.0\,6 \\ +\ 6.9\,8 \\ \hline \end{array}$$

(6)
$$\begin{array}{r} 4.5\,6 \\ +\ 3.8\,8 \\ \hline \end{array}$$

8 소수의 뺄셈을 계산해 보세요.

(1) $1.2-0.8$

(2) $2.09-1.2$

(3) $3.42-1.23$

(4) $3.5-1.26$

(5)
$$\begin{array}{r} 1\,3.1\,2 \\ -\ \ 8.2\,7 \\ \hline \end{array}$$

(6)
$$\begin{array}{r} 5.0\,4 \\ -\ 1.2\,6 \\ \hline \end{array}$$

9 거리를 비교하여 가장 멀리 간 자동차부터 순서대로 써 보세요.

택시: 23.457 km

버스: 24560 m

승용차: 250000.0 cm

풀이

(   )

10 어떤 수에서 4.35를 빼야 할 것을 잘못하여 더했더니 9.231이 되었습니다. 바르게 계산한 값을 구해 보세요.

바른 계산

(   )

1 □ 안에 알맞은 수를 써넣으세요.

(1) 1이 5개, 0.1이 13개, 0.01이 123개인 수는 [   ] 입니다.

(2) 1이 34개, 0.1이 19개, 0.01이 235개, 0.001이 3723개인 수는 [   ] 입니다.

2 빈 곳에 알맞은 수를 써넣으세요.

(1)
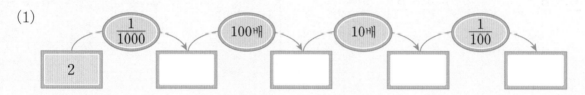

(2)
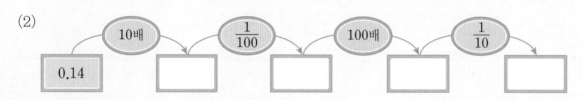

3 다음 조건 을 만족하는 소수를 구해 보세요.

> **조건**
>
> 가. 소수 세 자리 수입니다.
>
> 나. 4보다 크고 5보다 작습니다.
>
> 다. 소수 첫째 자리 숫자는 소수 셋째 자리 숫자의 2배입니다.
>
> 라. 소수 둘째 자리 수는 일의 자리 수의 $\frac{1}{100}$입니다.
>
> 마. 각 자리의 숫자를 모두 더하면 20입니다.

(   )

4 계산해 보세요.

(1) $1.2 + 1\frac{23}{100} - 2.2 + \frac{30}{1000}$

(2) $10.789 - \frac{80}{1000} - 9.009 - \frac{12}{10}$

5 자동차가 1 km를 갈 때 내뿜는 이산화탄소의 양을 조사했더니 하이브리드 자동차는 0.097 kg, 휘발유 자동차는 0.14 kg였습니다. 두 자동차가 2 km를 갔을 때와 10 km를 갔을 때 내뿜은 이산화탄소의 양의 차를 각각 구해 보세요.

> 풀이

2 km를 갔을 때 차 (   )

10 km를 갔을 때 차 (   )

6 종이 500장의 높이를 재었더니 5 cm였습니다. 종이 한 장의 두께는 몇 cm인지 구해 보세요.

> 풀이

(   )

7 준희 아버지는 휘발유 자동차를 타고, 어머니는 경유 자동차를 탑니다. 준희 아버지와 어머니가 자동차에 각각 휘발유와 경유를 넣고 받은 영수증을 보고 물음에 답하세요.

[영 수 증]		
매장명 : 우리 주유소		
상품명	1L 단가	주유량
휘발유	1360원	36.765L
결제금액 : 50,000원		
이용해 주셔서 감사합니다.		

[영 수 증]		
매장명 : 우리 주유소		
상품명	1L 단가	주유량
경유	1160원	43.103L
결제금액 : 50,000원		
이용해 주셔서 감사합니다.		

(1) 누구의 자동차에 연료 몇 L를 더 넣었는지 구해 보세요.

(   ), (   )

(2) 각각 50 L를 넣는다면 누가 얼마를 더 낼지 구해 보세요.

(   ), (   )

4 어떤 사각형이 평행한 변을 가질까요?

사각형

★ 수직, 수선, 평행, 평행선을 알 수 있어요.

★ 평행선 사이의 거리를 재거나 주어진 거리만큼 떨어진 평행선을 그릴 수 있어요.

★ 사다리꼴, 평행사변형, 마름모, 직사각형, 정사각형을 알 수 있어요.

☑ Check

**스스로
다짐하기**

☐ 정답을 맞히는 것도 중요하지만, 문제를 푼 과정을 설명하는 것도 중요해요.

☐ 새롭고 어려운 내용이 많지만, 꼼꼼하게 풀어 보세요.

☐ 스스로 과제를 해결하는 것이 힘들지만, 참고 이겨 내면 기분이 더 좋아져요.

꼬리에 꼬리를 무는 개념 ✦

삼각형
- 변의 길이 또는 각의 크기에 따라 삼각형 분류하기
- 이등변삼각형, 정삼각형 알기
- 직각삼각형, 예각삼각형, 둔각삼각형 분류하기

4-1-2

다각형
- 다각형 알아보기
- 정다각형과 대각선 알아보기
- 모양 만들기와 채우기

4-2-4

각도
- 각의 크기 비교 및 각도 알기
- 각도 재기 및 그리기
- 예각과 둔각 알기
- 각도의 합과 차 구하기
- 삼각형 및 사각형의 각의 크기의 합

4-2-2

사각형
- 수직과 수선을 알고 수선 긋기
- 평행과 평행선 알기
- 평행선 사이의 거리 알기
- 여러 가지 사각형 알기

4-2-6

스스로 계획 짜기 ✏️

1일차	2일차	3일차	4일차	5일차
____월 ____일	____월 ____일	____월 ____일	____월 ____일	____월 ____일

6일차	7일차	8일차	9일차
____월 ____일	____월 ____일	____월 ____일	____월 ____일

기억 1 각과 평면도형

그림과 같이 종이를 반듯하게 두 번 접었을 때 생기는 각을 직각이라고 합니다.

직각 ㄱㄴㄷ을 나타낼 때는 꼭짓점 ㄴ에 └ 표시를 합니다.

네 각이 모두 직각이고 네 변의 길이가 모두 같은 사각형을
정사각형이라고 합니다.

네 각이 모두 직각인 사각형을 직사각형이라고 합니다.

 직각을 모두 찾아 └ 표시를 해 보세요.

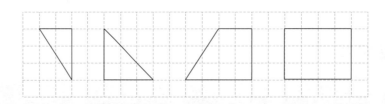

기억 2 각도기와 자를 이용하여 90°인 각을 그리는 방법

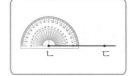

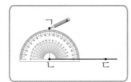

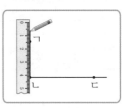

① 자를 이용하여 각의 한 변 ㄴㄷ을 그립니다.

② 각도기의 중심과 점 ㄴ을 맞추고, 각도기의 밑금과 각의 한 변 인 ㄴㄷ을 맞춥니다.

③ 각도기의 밑금에서 시작하여 각도가 90°가 되는 눈금에 점 ㄱ을 표시합니다.

④ 각도기를 떼고, 자를 이용하여 변 ㄱㄴ을 그어 각도가 90°인 각 ㄱㄴㄷ을 완성합니다.

2 각도기를 이용하여 각도를 재어 보세요.

(1)

(2)

3 각도기와 자를 이용하여 주어진 각도의 각을 그려 보세요.

105°

기억 **3** 예각, 둔각 알기

• 각도가 0°보다 크고 직각보다 작은 각을 예각이라고 합니다.

• 각도가 직각보다 크고 180°보다 작은 각을 둔각이라고 합니다.

---

4 그림을 보고 물음에 답하세요.

가   나   다   라

마   바   사   아

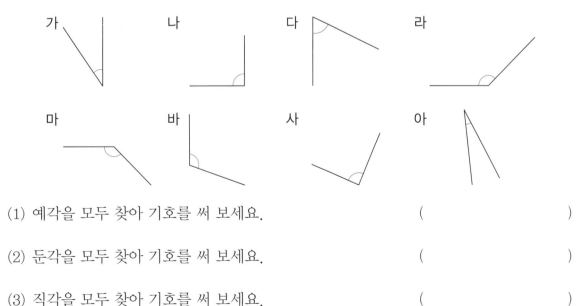

(1) 예각을 모두 찾아 기호를 써 보세요.　　　　　　(　　　　　　　)

(2) 둔각을 모두 찾아 기호를 써 보세요.　　　　　　(　　　　　　　)

(3) 직각을 모두 찾아 기호를 써 보세요.　　　　　　(　　　　　　　)

사방치기 놀이의 선들이 이루는 각을 알 수 있을까요?

 강이는 친구들과 사방치기를 하고 있습니다. 놀이판에서 선이 만나 이루는 각을 알아보세요.

사방치기란?
땅바닥에 일정한 칸을 그
려 놓고 안에 돌을 던져
놓은 후 외발뛰기로 돌을
주워 나오는 전통놀이입
니다.

(1) 각도기로 각을 재어 빈칸에 알맞은 각도를 써넣으세요.

기호	ㄱ	ㄴ	ㄷ	ㄹ	ㅁ	ㅂ	ㅅ	ㅇ	ㅈ
각도									

(2) (1)의 각을 기준을 정하여 분류해 보세요.

기준	분류한 결과

(3) 두 직선이 만나서 만들어지는 각에 대해 설명해 보세요.

2 바다는 다음 도구를 사용하여 주어진 직선과 90°로 만나는 직선을 그으려고 합니다. 물음에 답하세요.

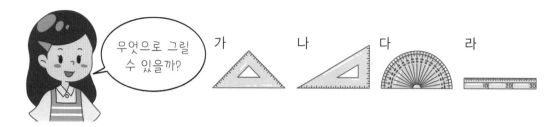

무엇으로 그릴 수 있을까?

가　나　다　라

(1) 주어진 직선과 90°로 만나는 직선을 긋는 데 필요한 도구를 찾아 기호를 써 보세요.

(2) 선택한 도구를 사용하여 주어진 직선과 90°로 만나는 직선을 그어 보세요.

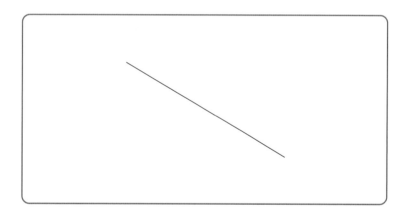

(3) 주어진 직선과 90°로 만나는 직선을 그은 방법을 설명해 보세요.

수직, 수선 알아보기

1 각도기를 사용하여 표시한 각을 재어 보세요.

(   )   (   )   (   )

2 직각을 모두 찾아 (보기)와 같이 표시해 보세요.

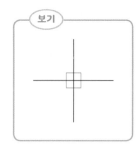

개념 정리 수직, 수선

- 두 직선이 만나서 이루는 각이 직각일 때, 두 직선은 서로 수직이라고 합니다.
- 두 직선이 서로 수직으로 만나면 한 직선을 다른 직선에 대한 수선이라고 합니다.

---

3 그림을 보고 ☐ 안에 알맞은 말을 써넣으세요.

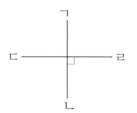

(1) 직선 ㄱㄴ과 직선 ㄷㄹ은 서로 ☐입니다.

(2) 직선 ㄱㄴ은 직선 ㄷㄹ에 대한 ☐입니다.

(3) 직선 ㄷㄹ은 직선 ☐에 대한 수선입니다.

4 삼각자와 각도기를 사용하여 주어진 직선에 대한 수선을 그어 보세요.

(1) 그림과 같이 삼각자를 사용하여 주어진 직선에 대한 수선을 그어 보세요.

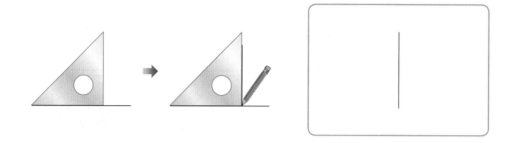

(2) 그림과 같이 각도기를 사용하여 주어진 직선에 대한 수선을 그어 보세요.

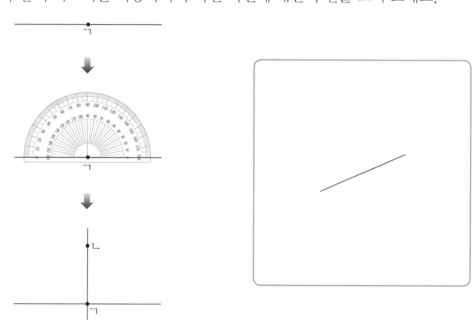

5 각도기로 각을 재어 보고 ☐ 안에 알맞은 기호를 써넣으세요.

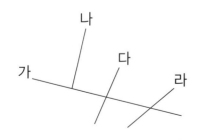

(1) 수직으로 만나는 두 직선은 직선 ☐와 직선 ☐ 입니다.

(2) 두 직선이 수직으로 만날 때 직선 ☐는 직선 가에 대한 수선입니다.

두 직선이 만나지 않을 수 있을까요?

1 강이는 책장에서 책을 꺼내다가 책장의 가로판과 세로판의 선을 길게 이어 그으면 어떻게 될지 궁금해졌습니다. 그림을 보고 물음에 답하세요.

(1) 빨간색 선(┃)과 파란색 선(━)을 각각 길게 이어 그었을 때 빨간색 선(┃)끼리 또는 파란색 선(━)끼리 만날 수 있을지 예상하여 설명해 보세요.

(2) 빨간색 선(┃)과 파란색 선(━)이 만나서 이루는 각의 크기를 재고 알게 된 점을 써 보세요.

2 자를 사용하여 만나지 않는 두 직선을 긋고, 어떤 방법으로 그었는지 설명해 보세요.

3 직각삼각자 2개와 주어진 직선을 이용하여 서로 만나지 않는 두 직선을 긋고 어떤 방법으로 그었는지 설명해 보세요.

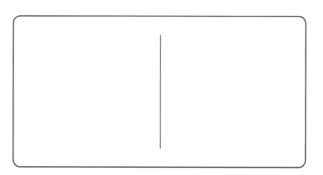

평행, 평행선 긋기

1 다음 그림에서 만나지 않는 두 직선을 찾아 색연필로 따라 그어 보세요.

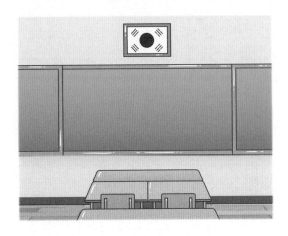 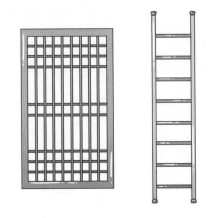

2 길게 늘여도 서로 만나지 않는 두 직선을 모두 찾아 기호를 써 보세요.

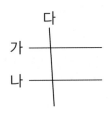 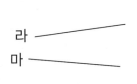 

개념 정리 평행, 평행선

한 직선에 수직인 두 직선을 그었을 때, 그 두 직선은 서로 만나지 않습니다. 이와 같이 서로 만나지 않는 두 직선을 평행하다고 합니다.

이때 평행한 두 직선을 평행선이라고 합니다.

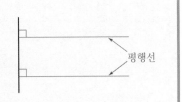

3 직각삼각자 2개를 사용하여 주어진 직선과 평행한 직선을 그어 보세요.

(1) 그림과 같이 직각삼각자 2개를 사용하여 주어진 직선과 평행한 직선을 그어 보세요.

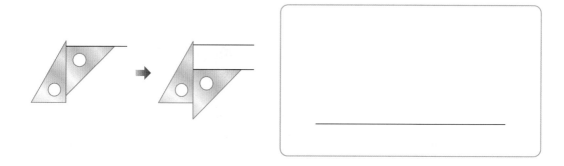

(2) 그림과 같이 직각삼각자를 사용하여 점 ㅇ을 지나고 직선 **가**와 평행한 직선을 그어 보세요.

〈점 ㅇ을 지나고 직선 **가**와 평행한 직선을 긋는 방법〉

① 직각삼각자의 한 변을 직선 **가**에 맞추고 다른 한 변이 점 ㅇ을 지나도록 놓는다.

② 다른 직각삼각자를 사용하여 점 ㅇ을 지나고 직선 **가**와 평행한 직선을 긋는다.

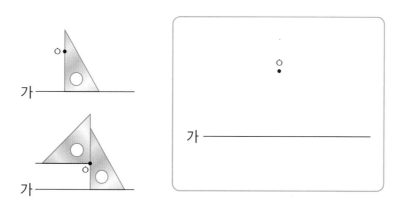

4 직각삼각자를 사용하여 주어진 직선과 평행한 직선을 긋고 그 방법을 설명해 보세요.

(1)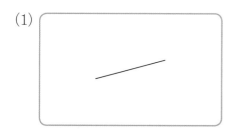

(2)

101

가장 짧은 거리는 어떻게 잴까요?

1 산이가 폭이 일정한 길을 건너려고 합니다. 물음에 답하세요.

(1) 산이가 직선 **가** 위의 점 ㉠에서 출발하여 직선 **나**의 ①, ②, ③, ④, ⑤로 가는 길을 선분으로 긋고 길이를 재어 보세요.

(2) (1)에서 그은 선분 중 길이가 가장 짧은 것은 어느 것입니까?

(   )

(3) 산이가 ㉡에서 출발한다면 직선 **나**까지 가는 가장 짧은 길을 선분으로 긋고 그 방법을 설명해 보세요.

2 하늘이는 도화지로 띠를 만들려고 합니다. 물음에 답하세요.

(1) 폭이 일정하게 5 cm가 되도록 두 선분을 그어 보세요.

(2) (1)에서 두 선분을 그은 방법을 설명해 보세요.

평행선 사이의 거리

1 직선 가와 직선 나는 서로 평행합니다. 그림을 보고 물음에 답하세요.

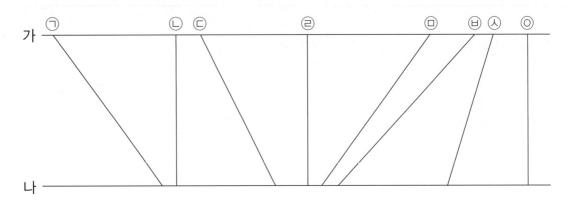

(1) 자를 사용하여 평행선 사이의 선분의 길이를 재어 보세요.

ㄱ: (   ) mm   ㄴ: (   ) mm   ㄷ: (   ) mm

ㄹ: (   ) mm   ㅁ: (   ) mm   ㅂ: (   ) mm

ㅅ: (   ) mm   ㅇ: (   ) mm

(2) 길이가 가장 짧은 선분의 기호를 써 보세요.

(   )

(3) 길이가 가장 짧은 선분과 평행선이 이루는 각은 몇 도인가요?

(   )

(4) 평행선 사이에 길이가 가장 짧은 선분을 1개 더 긋기 위한 방법을 설명해 보세요.

개념 정리 | 평행선 사이의 거리

평행선의 한 직선에서 다른 직선에 수선을 그었을 때
이 수선의 길이를 평행선 사이의 거리라고 합니다.

평행선 사이의 거리

2 평행선 사이의 거리를 재어 보세요.

(1)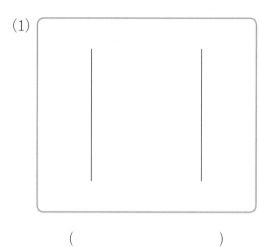

(   )

(2)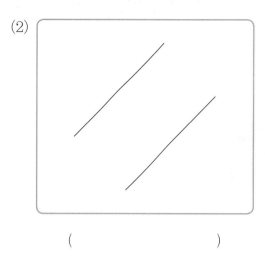

(   )

3 평행선 사이의 거리가 4 cm가 되도록 주어진 직선과 평행한 직선을 긋고 그 방법을 설명해 보세요.

(1)

(2)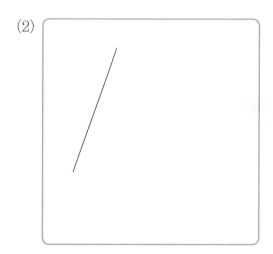

어떤 사각형이 평행한 변을 가질까요?

1 바다와 친구들은 사각형 모으기 놀이를 하고 있습니다. 바다와 친구들이 모은 사각형에 대해 알아보세요.

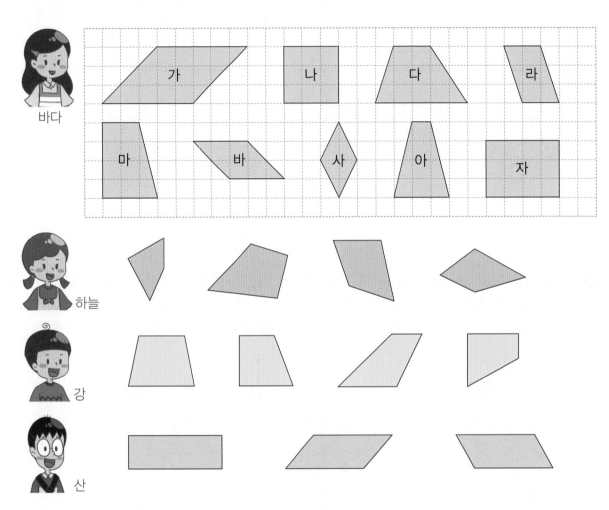

(1) 바다가 모은 사각형은 하늘이가 모은 사각형과 그 모양이 같다고 할 수 있나요? 그렇게 생각한 이유를 설명해 보세요.

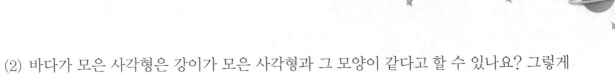

(2) 바다가 모은 사각형은 강이가 모은 사각형과 그 모양이 같다고 할 수 있나요? 그렇게 생각한 이유를 설명해 보세요.

(3) 바다가 모은 사각형은 산이가 모은 사각형과 그 모양이 같다고 할 수 있나요? 그렇게 생각한 이유를 설명해 보세요.

(4) 바다가 모은 사각형을 하늘, 강, 산이가 모은 사각형에 분류하여 넣고, 그렇게 분류한 이유를 써 보세요.

분류 기준	바다의 사각형	분류한 이유
하늘이가 모은 사각형		
강이가 모은 사각형		
산이가 모은 사각형		

사다리꼴

1 여러 가지 사각형을 평행한 변이 있는 사각형과 평행한 변이 없는 사각형으로 분류하려고 해요.

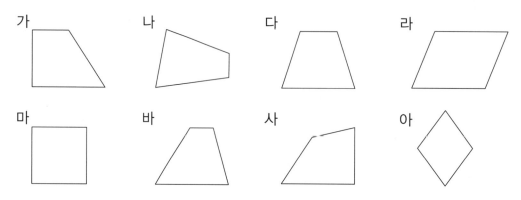

(1) 변이 평행한지 어떻게 알 수 있나요?

(2) 평행한 변이 있는 사각형과 평행한 변이 없는 사각형으로 분류하여 기호를 써 보세요.

평행한 변이 있는 사각형	
평행한 변이 없는 사각형	

개념 정리 사다리꼴

평행한 변이 한 쌍이라도 있는 사각형을 사다리꼴이라고 합니다.

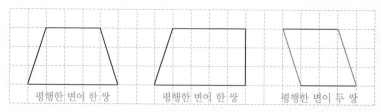

평행한 변이 한 쌍   평행한 변이 한 쌍   평행한 변이 두 쌍

※ 평행한 변이 한 쌍 있는 사각형, 평행한 변이 두 쌍 있는 사각형 모두 사다리꼴입니다.

2 사다리꼴을 알아보세요.

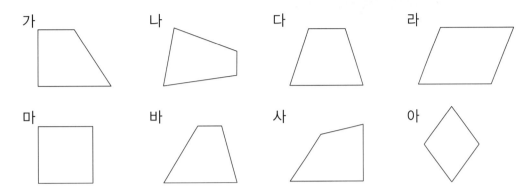

(1) 사다리꼴을 모두 찾아 기호를 써 보세요.

(2) 찾은 도형이 사다리꼴인 이유를 설명해 보세요.

3 주어진 선분을 한 변으로 하는 사다리꼴을 각각 그려 보세요.

4 점 종이에 서로 다른 모양의 사다리꼴을 2개 그려 보세요.

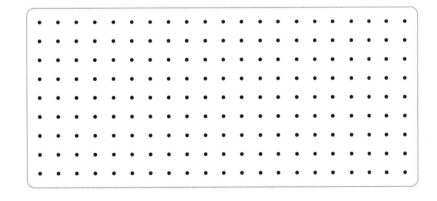

평행사변형

1 평행한 변의 수에 따라 사각형을 분류하려고 해요.

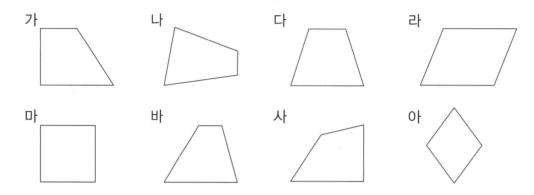

(1) 평행한 변이 있는 사각형을 모두 찾아 기호를 써 보세요.

(2) 평행한 변이 한 쌍뿐인 사각형과 평행한 변이 두 쌍인 사각형으로 분류하여 기호를 써 보세요.

평행한 변이 한 쌍뿐인 사각형	
평행한 변이 두 쌍인 사각형	

개념 정리 평행사변형

마주 보는 두 쌍의 변이 서로 평행한 사각형을 평행사변형이라고 합니다.

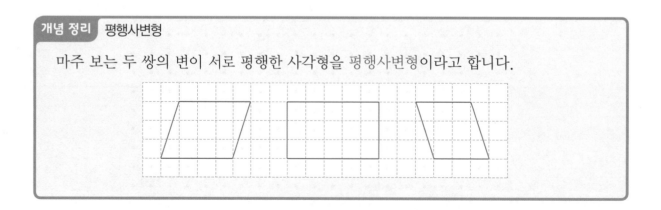

2 자와 각도기를 사용하여 평행사변형의 변의 길이와 각의 크기를 재려고 해요.

(1) 자를 사용하여 변의 길이를 재어 ☐ 안에 알맞게 써넣으세요.

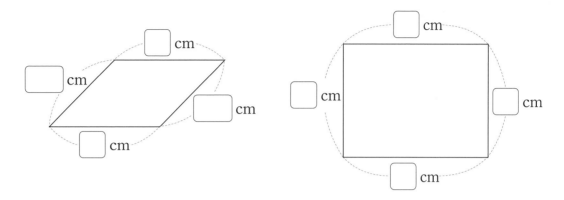

(2) 변의 길이를 재고 알게 된 점을 써 보세요.

(3) 각도기를 사용하여 각의 크기를 재어 ☐ 안에 알맞게 써넣으세요.

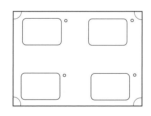 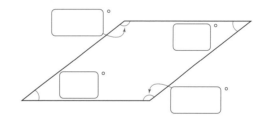

(4) 각의 크기를 재고 알게 된 점을 써 보세요.

3 평행사변형을 완성하고 이 도형이 평행사변형인 이유를 설명해 보세요.

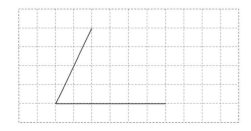

마름모

1 자를 사용하여 변의 길이를 재어 변의 길이에 따라 사각형을 분류하려고 해요.

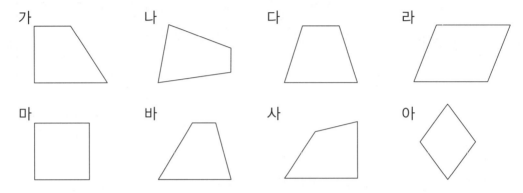

(1) 사각형을 변의 길이에 따라 분류하여 기호를 써 보세요.

네 변의 길이가 모두 같은 사각형	
네 변의 길이가 모두 같지는 않은 사각형	

(2) 각도기를 사용하여 네 변의 길이가 모두 같은 사각형의 각의 크기를 재어 비교하고 알게 된 점을 설명해 보세요.

(3) 네 변의 길이가 모두 같은 사각형에는 평행한 변이 몇 쌍 있는지 설명해 보세요.

개념 정리 마름모

네 변의 길이가 모두 같은 사각형을 마름모라고 합니다.

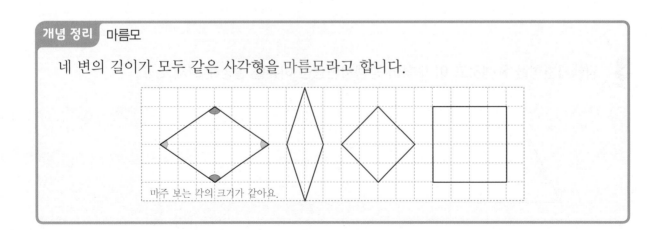

마주 보는 각의 크기가 같아요.

2 마름모의 성질을 알아보세요.

(1) 마름모 ㄱㄴㄷㄹ에서 마주 보는 꼭짓점끼리 선분을 잇고 두 선분이 만나는 점을 ㅇ으로 표시했습니다. □ 안에 알맞은 수나 말을 써넣으세요.

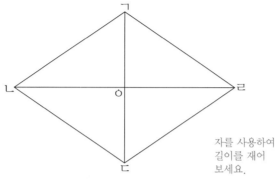

① 선분 ㄱㄷ과 선분 ㄴㄹ이 만나는 각은 □ 입니다.

선분 ㄱㄷ과 선분 ㄴㄹ은 □ 으로 만납니다.

자를 사용하여 길이를 재어 보세요.

② 선분 ㄱㅇ의 길이는 □ cm,

선분 ㅇㄷ의 길이는 □ cm,

선분 ㄴㅇ의 길이는 □ cm,

선분 ㅇㄹ의 길이는 □ cm입니다.

(2) (1)을 통해 알게 된 마름모의 성질을 설명해 보세요.

3 마름모를 보고 □ 안에 알맞은 수를 써넣으세요.

(1)

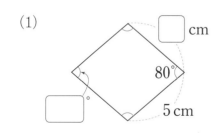

(2)

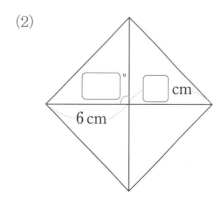

여러 가지 사각형

1 직사각형과 정사각형을 알아보려고 해요.

가   나   다   라   마

(1) 직사각형을 모두 찾아 기호를 써 보세요.

(2) 자를 사용하여 직사각형의 변의 길이를 재고 알게 된 점을 설명해 보세요.

(3) 정사각형을 모두 찾아 기호를 써 보세요.

(4) 자와 각도기를 사용하여 정사각형의 변의 길이와 각의 크기를 재고 알게 된 점을 설명해 보세요.

개념 정리 직사각형, 정사각형

- 네 각이 모두 직각인 사각형을 직사각형이라고 합니다.
- 네 각이 모두 직각이고, 네 변의 길이가 모두 같은 사각형을 정사각형이라고 합니다.

2 막대로 여러 가지 사각형을 만들려고 해요.

ㄱ 　　ㄴ ▭　　ㄷ ▬

(1) ㄱ 막대 4개로 만들 수 있는 사각형을 모두 써 보세요.

(2) ㄴ 막대 2개와 ㄷ 막대 2개로 만들 수 있는 사각형은 무엇인지 설명해 보세요.

3 여러 가지 모양의 사각형을 분류 기준에 따라 분류하여 기호를 쓰고 그 이유를 설명해 보세요.

가　　나　　다　　라　　마

분류 기준	기호	이유
사다리꼴		
평행사변형		
마름모		
직사각형		
정사각형		

사각형

여러 가지 모양의 사각형을 보고 빈칸에 알맞은 말이나 기호를 써넣으세요.

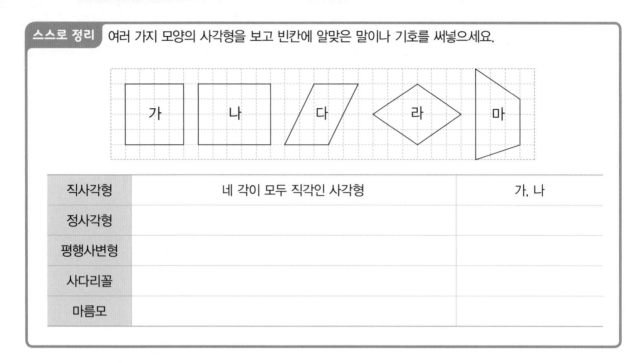

직사각형	네 각이 모두 직각인 사각형	가, 나
정사각형		
평행사변형		
사다리꼴		
마름모		

개념 연결 직각을 표시하고 각을 기준으로 삼각형의 이름을 써 보세요.

주제	직각 표시하기와 빈칸 채우기
직각 표시하기	
삼각형의 종류	( ) ( ) ( )

1 직각삼각자 2개를 사용하여 선분 ㄱㄴ을 한 변으로 하고 점 ㄷ을 지나는 직사각형을 그리고, 어떻게 그렸는지 친구에게 편지로 설명해 보세요.

ㄷ·

ㄱ————————ㄴ

1 평행사변형의 ☐ 안에 알맞은 수를 써넣고, 다른 사람에게 설명해 보세요.

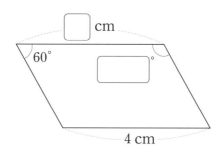

2 가장 큰 정사각형의 각 변의 중점을 이어 두 번째 사각형을 만들고, 같은 방법으로 세 번째와 네 번째, 다섯 번째 사각형을 만들었습니다. 5개의 사각형 중에서 마름모는 몇 번째 사각형인지 다른 사람에게 설명해 보세요.

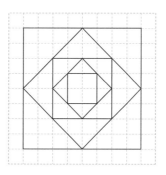

사각형은 이렇게 연결돼요

 3-1
각과
평면도형

 4-2
사각형

 4-2
다각형

 5-2
직육면체와
정육면체

1 그림을 보고 ☐ 안에 알맞은 수나 말을 써넣으세요.

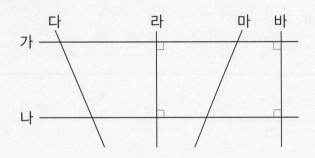

(1) 직선 **가**와 직선 **나**는 서로 ☐ 합니다.

(2) 서로 평행한 직선은 모두 ☐ 쌍입니다.

(3) 직선 **가**와 수직인 직선은 ☐, ☐ 입니다.

(4) 직선 **라**는 직선 **나**에 대한 ☐ 입니다.

2 평행선 사이의 거리가 2 cm가 되도록 주어진 직선과 평행한 직선을 긋고 그 방법을 설명해 보세요.

방법

3 평행사변형을 보고 ☐ 안에 알맞은 수를 써넣으세요.

(1)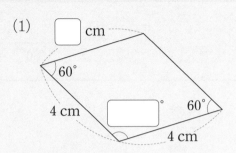
☐ cm
60°
4 cm
☐ °
60°
4 cm

(2)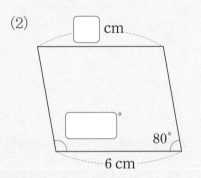
☐ cm
☐ °
80°
6 cm

4 직사각형에서 서로 평행한 변을 모두 찾아 써 보세요.

ㄱ ㄹ
ㄴ ㄷ

(   )과 (   )
(   )과 (   )

5 다음 도형이 마름모일 때 □ 안에 알맞은 수를 써넣으세요.

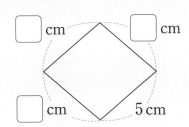

6 다음 설명 중 옳은 것에 ○표, 틀린 것에 ×표 해 보세요.

(1) 두 직선이 90°로 만날 때 두 직선은 수직이라고 합니다. (   )

(2) 평행선 사이에 그은 선분 중 수선의 길이가 가장 깁니다. (   )

(3) 두 직선이 수직으로 만날 때 한 직선을 다른 직선에 대한 수선이라고 합니다.

(   )

(4) 서로 만나지 않는 두 직선을 평행선이라고 합니다. (   )

(5) 한 쌍이라도 평행한 변이 있는 사각형을 평행사변형이라고 합니다. (   )

(6) 네 변의 길이가 모두 같은 사각형은 마름모입니다. (   )

7 사각형을 보고 물음에 답하세요.

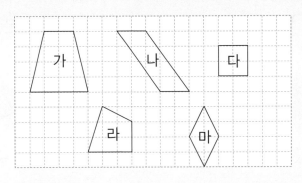

(1) 사다리꼴을 모두 찾아 기호를 써 보세요.

(   )

(2) 평행사변형을 모두 찾아 기호를 써 보세요.

(   )

(3) 마름모를 모두 찾아 기호를 써 보세요.

(   )

8 직사각형 모양의 종이를 선을 따라 잘랐습니다. □ 안에 알맞은 기호를 써넣으세요.

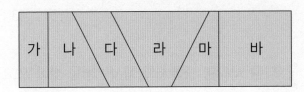

(1) 사다리꼴은 [   ] 입니다.

(2) 평행사변형은 [   ] 입니다.

(3) 마름모는 [   ] 입니다.

(4) 직사각형은 [   ] 입니다.

(5) 정사각형은 [   ] 입니다.

1 직선 가와 직선 나는 서로 수직입니다. ㉠은 몇 도일까요?

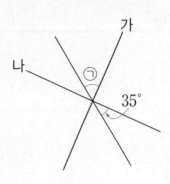

(   )

2 직선 가와 수직으로 만나고 거리가 4 cm인 평행선 한 쌍을 그려 보세요.

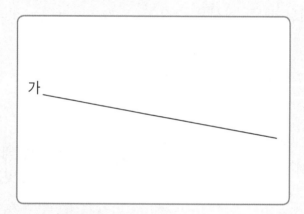

3 다음 사각형 중에서 평행사변형을 찾아 쓰고 그 이유를 설명해 보세요.

마름모, 직사각형, 사다리꼴, 정사각형

이유

(   )

4 산이는 26 cm인 철사를 구부려 다음과 같은 평행사변형을 만들었습니다. 변 ㄱㄹ의 길이가 변 ㄱㄴ의 길이보다 1 cm 더 길 때 변 ㄱㄹ의 길이는 몇 cm인지 구해 보세요.

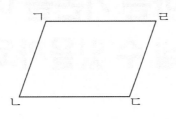

(   )

5 목장에서 울타리를 만들기 위해 줄로 마름모를 표시하고 있습니다. 꼭짓점 한 개만 움직여서 마름모 모양을 만들 때 완성된 마름모 모양을 그려 보세요.

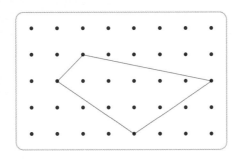

6 하늘이와 바다는 다음과 같은 삼각형을 이용하여 각각 사각형을 만들었습니다. 하늘이와 바다가 만든 사각형은 각각 무엇인지 설명해 보세요.

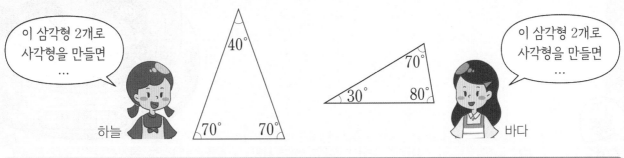

설명

하늘 (   ), 바다 (   )

5 변화하는 기온을 어떻게 그래프로 나타낼 수 있을까요?

꺾은선그래프

★ 꺾은선그래프에서 자료를 읽고 해석할 수 있어요.
★ 변화하는 양을 꺾은선그래프로 나타낼 수 있어요.

 Check
**스스로
다짐하기**

☐ 정답을 맞히는 것도 중요하지만, 문제를 푼 과정을 설명하는 것도 중요해요.
☐ 새롭고 어려운 내용이 많지만, 꼼꼼하게 풀어 보세요.
☐ 스스로 과제를 해결하는 것이 힘들지만, 참고 이겨 내면 기분이 더 좋아져요.

꼬리에 꼬리를 무는 개념

막대그래프
- 막대그래프 내용 및 특징 알기
- 막대그래프 그리기

여러 가지 그래프
- 그림그래프로 나타내기
- 띠그래프, 원그래프를 알아보고 나타내기
- 자료의 목적에 맞는 그래프로 나타내기

3-2-6

4-2-5

4-1-5

6-1-5

자료의 정리
- 표로 읽고 만들기
- 그림그래프 알아보고 그려 보기

꺾은선그래프
- 꺾은선그래프를 알고 해석하기
- 꺾은선그래프로 나타내기

스스로 계획 짜기

1일차	2일차	3일차	4일차	5일차
____월 ____일	____월 ____일	____월 ____일	____월 ____일	____월 ____일

6일차	7일차
____월 ____일	____월 ____일

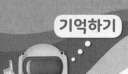
2-2 표 만들기

3-2 그림그래프

4-1 막대그래프

?

기억 1 그림그래프

알려고 하는 수(조사한 수)를 그림으로 나타낸 그래프를 그림그래프라고 합니다.

[1~2] 하늘이네 마을 사람들이 즐겨 이용하는 교통수단별 이용자 수를 조사하여 표로 나타 내었습니다. 물음에 답하세요.

즐겨 이용하는 교통수단별 이용자 수

교통수단	자전거	오토바이	버스	자가용	합계
이용자 수(명)	17	6	28	25	76

 표를 보고 그림그래프로 나타내어 보세요.

즐겨 이용하는 교통수단별 이용자 수

교통수단	이용자 수
자전거	
오토바이	
버스	
자가용	

◎ 10명
○ 1명

 하늘이네 마을 사람들이 가장 즐겨 이용하는 교통수단은 무엇인가요?

(   )

기억 2 막대그래프

조사한 자료를 막대 모양으로 나타낸 그래프를 막대그래프라고 합니다.

[3~4] 바다네 학교 4학년 학생들이 배우고 싶어 하는 악기를 조사했어요.

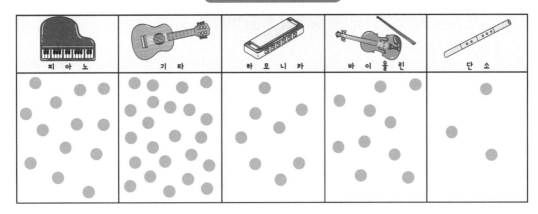

3 조사한 결과를 정리하여 표와 막대그래프로 나타내어 보세요.

악기	피아노	기타	하모니카	바이올린	단소	합계
학생 수(명)						

(명)

학생 수 / 악기	피아노	기타	하모니카	바이올린	단소
20					
15					
10					
5					
0					

4 표를 막대그래프로 나타내었을 때 좋은 점은 무엇인가요?

125

낮 12시의 기온을 알아낼 수 있을까요?

[1~4]   산이가 사는 지역의 11월 중 하루의 기온 변화를 조사하여 표로 나타냈습니다. 표를 보고 물음에 답하세요.

11월 중 하루의 기온 변화

시각	오전 9시	오전 11시	오후 1시	오후 3시	오후 5시
기온(℃)	7	10	16	12	9

1 11월 중 하루의 기온 변화를 막대그래프로 나타내어 보세요.

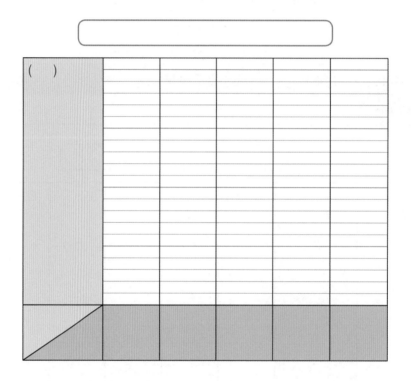

2 그래프를 보고 알 수 있는 사실을 모두 써 보세요.

126

3 낮 12시의 기온은 몇 ℃였을까요?

4 조사한 자료 이외의 값을 예상하기 위한 그래프를 어떻게 나타낼 수 있을까요? 그래프를 그리고 설명해 보세요.

꺾은선그래프 알아보기

1 바다가 사는 지역의 월별 최고 기온을 조사하여 두 그래프로 나타냈습니다. 두 그래프를 비교해 보세요.

(가)

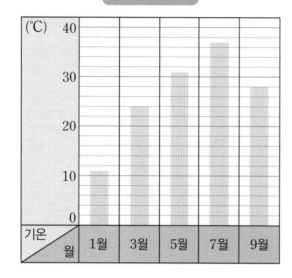

(나)

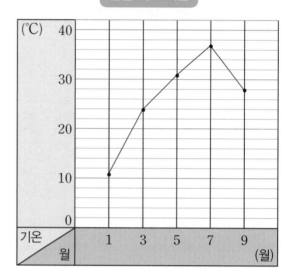

(1) 두 그래프의 같은 점을 써 보세요.

(2) 두 그래프의 다른 점을 써 보세요.

(3) (가)와 (나) 중 월별 최고 기온의 변화를 나타내기 좋은 것은 어느 그래프일까요? 그렇게 생각한 이유를 설명해 보세요.

(4) 6월의 최고 기온은 몇 ℃였을까요? 그렇게 생각한 이유를 써 보세요.

2 바다가 사는 지역의 월별 최저 기온을 조사하여 나타낸 그래프입니다. 물음에 답하세요.

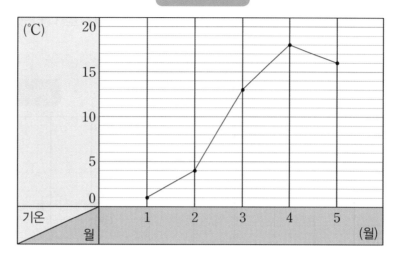

(1) 그래프의 가로와 세로는 각각 무엇을 나타내나요?

(2) 세로 눈금 한 칸은 몇 ℃를 나타내나요?

(3) 꺾은선은 무엇을 나타내나요?

개념 정리 꺾은선그래프를 알 수 있어요

• 꺾은선그래프: 수량을 점으로 표시하고, 그 점들을 선분으로 이어 그린 그래프
• 꺾은선그래프의 특징
 ① 자료가 변화하는 모습과 정도를 쉽게 알아볼 수 있습니다.
 ② 조사하지 않은 자료의 값을 예상해 볼 수 있습니다.

물결선이 있는 꺾은선그래프 알아보기

1 하늘이의 키의 변화를 학년별로 조사하여 두 꺾은선그래프로 나타냈습니다. 물음에 답하세요.

(가)   하늘이의 키   (나)   하늘이의 키

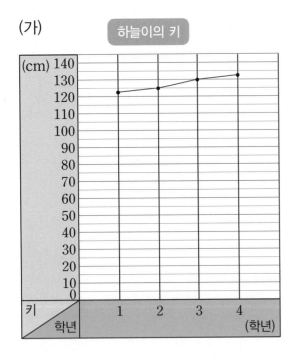 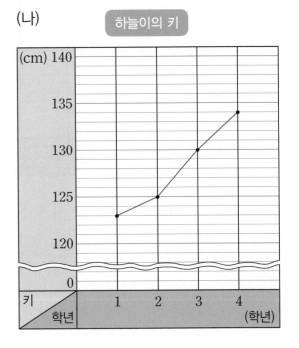

(1) 두 그래프의 같은 점을 써 보세요.

(2) 두 그래프의 다른 점을 써 보세요.

(3) (나) 그래프와 같이 나타내면 어떤 점이 좋은지 설명해 보세요.

2 하늘이가 사과나무를 심고 열흘 간격으로 사과나무의 키를 재어 꺾은선그래프로 나타냈습니다. 물음에 답하세요.

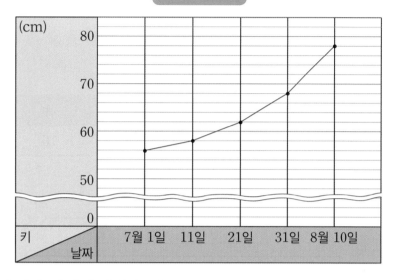

(1) 사과나무의 키가 어떻게 변했나요?

(2) 사과나무의 키가 가장 많이 자란 때는 며칠과 며칠 사이인지 설명해 보세요.

(3) 7월 26일에 사과나무의 키는 몇 cm였을지 설명해 보세요.

개념 정리 꺾은선그래프의 내용을 알 수 있어요

- 꺾은선그래프의 선분의 모양이 ⟋이면 늘어나는 것을, ⟍이면 줄어드는 것을 나타냅니다.
- 꺾은선그래프의 선분이 많이 기울어질수록 자료의 변화가 큽니다.
- 꺾은선그래프는 물결선(≈)을 사용하여 필요 없는 부분을 줄여서 나타낼 수 있습니다.

꺾은선그래프를 어떻게 그릴까요?

1 강이가 사는 지역의 다음 주 요일별 예상 최고 기온을 조사하여 나타낸 표입니다. 물음에 답하세요.

요일별 예상 최고 기온

요일(요일)	월	화	수	목	금
기온(℃)	17	15	12	16	18

(1) 내가 정한 순서대로 꺾은선그래프를 그려 보세요.

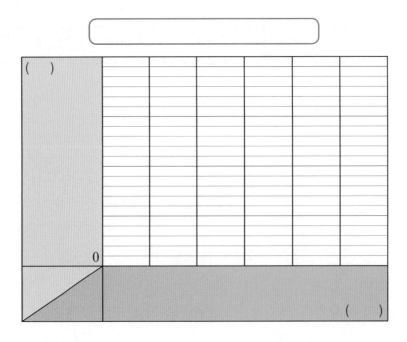

(2) 표를 꺾은선그래프로 나타내는 방법을 정리해 보세요.

2 11월 하루 동안 어느 강의 수온 변화를 조사하여 나타낸 표입니다. 물음에 답하세요.

강의 수온

시각(시)	오전 4	오전 8	낮 12	오후 4	오후 8
수온(℃)	3	3.2	3.6	4.3	3.8

(1) 세로 눈금 한 칸의 크기를 정하고 그렇게 정한 이유를 설명해 보세요.

(2) 세로 눈금의 값을 어떻게 정해야 할지 설명해 보세요.

(3) 내가 정한 순서대로 꺾은선그래프를 그려 보세요.

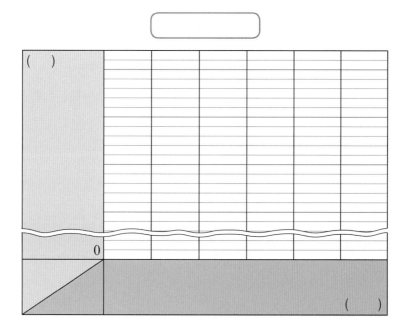

꺾은선그래프를 그리는 방법 알아보기

1 산이가 사는 지역의 월별 강수량을 조사하여 나타낸 표입니다. 물음에 답하세요.

월별 강수량

월(월)	3	5	7	9	11
강수량(mm)	30	35	75	100	50

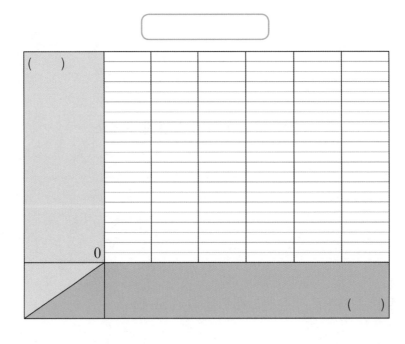

(1) 꺾은선그래프의 가로와 세로에 각각 무엇을 나타낼지 정하여 써 보세요.

(2) 세로 눈금 한 칸으로 몇 mm를 나타낼지 정하고, 가장 큰 값을 나타낼 수 있도록 눈금의 값를 정하여 써 보세요.

(3) 가로 눈금과 세로 눈금이 만나는 자리에 점을 찍어 보세요.

(4) 점들을 선분으로 연결해 보세요.

(5) 꺾은선그래프의 제목을 써 보세요.

2 산이가 사는 지역의 연도별 적설량을 조사하여 나타낸 표입니다. 물음에 답하세요.

연도별 적설량

연도(년)	2015	2016	2017	2018	2019
적설량(mm)	30	36	24	29	32

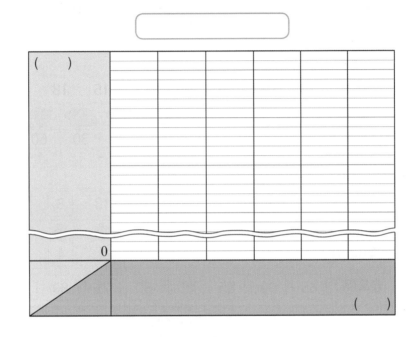

(1) 꺾은선그래프의 가로와 세로에 각각 무엇을 나타낼지 정하여 써 보세요.

(2) 물결선을 넣는다면 세로 눈금 한 칸은 몇 mm를 나타낼지 정하여 가장 큰 값을 나타낼 수 있도록 눈금의 값을 써 보세요.

(3) 꺾은선그래프를 완성해 보세요.

개념 정리 꺾은선그래프를 그릴 수 있어요

① 가로와 세로에 각각 무엇을 나타낼지 정합니다.
② 눈금 한 칸의 크기를 정하고, 조사한 값 중 가장 큰 수를 나타낼 수 있게 눈금의 수를 정합니다.
③ 가로 눈금과 세로 눈금이 만나는 자리에 점을 찍습니다.
④ 점들을 선분으로 잇습니다.
⑤ 꺾은선그래프에 알맞은 제목을 붙입니다.

자료를 조사하여 꺾은선그래프로 나타내기

[1~6] '기상청 날씨누리' 누리집에서는 내가 사는 동네의 날씨를 시간대별로 미리 알아볼 수 있습니다. 내일 날씨의 변화를 조사해 보세요.

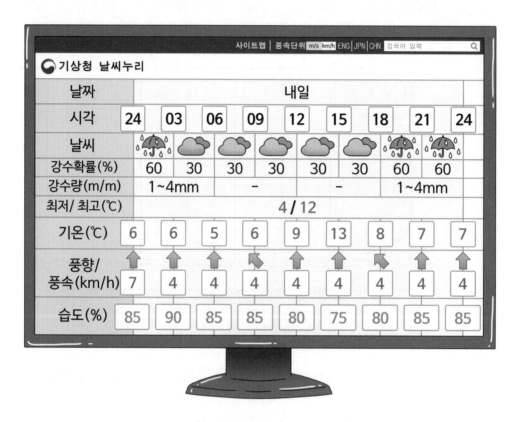

1 내가 조사할 날씨 요소를 한 가지 정해 보세요.

2 조사한 결과를 표로 나타내어 보세요.

시각(시)	3	6	9	12	15	18	21

3 조사한 결과를 꺾은선그래프로 나타낼 때 꺾은선그래프의 가로와 세로에는 각각 무엇을 나타내어야 할까요?

가로 (　　　　　　　　　　　　), 세로 (　　　　　　　　　　)

4 조사한 결과를 꺾은선그래프로 나타낼 때 꺾은선그래프의 세로 눈금 한 칸은 얼마를 나타내어야 할까요?

(　　　　　　　　　　　　)

5 조사한 결과를 꺾은선그래프로 나타내어 보세요.

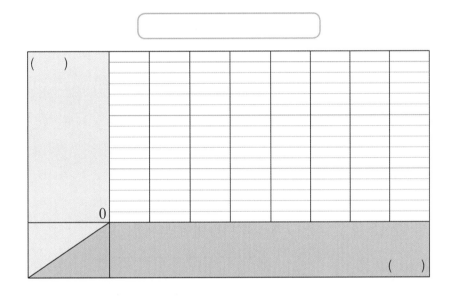

6 꺾은선그래프를 보고 알 수 있는 내용을 2가지 써 보세요.

개념 정리 자료를 조사하여 꺾은선그래프로 나타낼 수 있어요

① 조사할 내용과 방법을 정해 자료를 수집합니다.

② 조사한 결과를 표로 정리합니다.

③ 표를 보고 꺾은선그래프로 나타냅니다.

알맞은 그래프로 나타내기

 출산율은 여성 한 명이 평생 동안 낳을 것이라고 기대되는 출생아 수를 말합니다. 물음에 답하세요.

국가별 출산율

(출처: 통계청, 2018.)

국가	대한민국	인도	프랑스	미국	영국
출산율(명)	0.98	2.40	1.98	1.88	1.87

(1) 국가별 출산율을 비교하기에 가장 알맞은 그래프는 무엇일까요? 그렇게 생각한 이유를 써 보세요.

(2) 국가별 출산율을 알맞은 그래프로 나타내어 보세요.

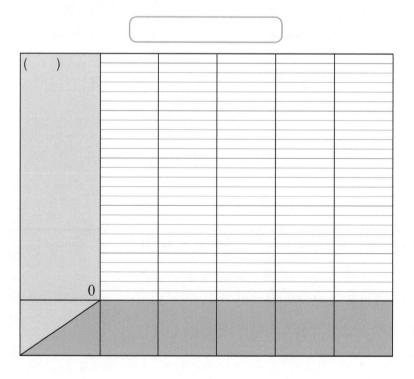

2 우리나라의 연도별 출산율의 변화를 한눈에 알아보기 쉬운 그래프로 나타내려고 해요.

우리나라의 연도별 출산율

(출처: 통계청, 2020.)

연도(년)	2015	2016	2017	2018	2019
출산율(명)	1.24	1.17	1.05	0.98	0.92

(1) 어떤 그래프로 나타내면 좋을까요? 그렇게 생각한 이유를 써 보세요.

(2) 우리나라의 연도별 출산율을 알맞은 그래프로 나타내어 보세요.

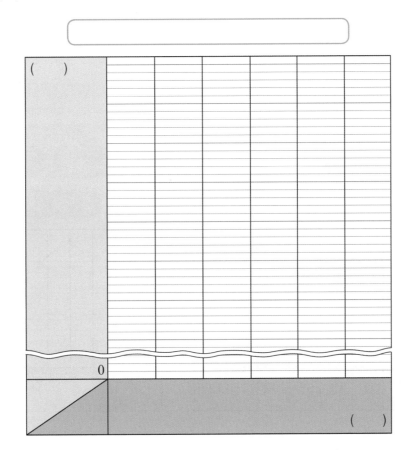

개념 정리 알맞은 그래프로 나타낼 수 있어요

꺾은선그래프로 나타내면 시간의 흐름에 따른 자료의 변화 모습을 알아보기가 좋습니다.

꺾은선그래프

스스로 정리 꺾은선그래프의 뜻과 특징을 정리해 보세요.

1 꺾은선그래프의 뜻

2 꺾은선그래프의 특징

개념 연결 다음 내용을 정리해 보세요.

주제	뜻과 특징 쓰기
막대그래프의 뜻	
막대그래프의 특징	

1 바다가 살고 있는 지역의 월 평균 기온을 나타낸 막대그래프와 꺾은선그래프입니다. 두 그래프의 공통점과 차이점을 친구에게 편지로 설명해 보세요.

월 평균 기온

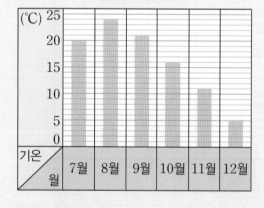

월 평균 기온

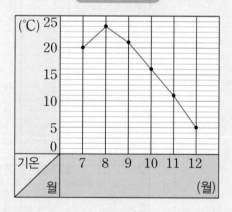

공통점	
차이점	

1 12월 어느 하루의 기온을 나타낸 그래프입니다. 12시 30분의 기온을 예상하여 다른 사람에게 설명해 보세요.

하루의 기온

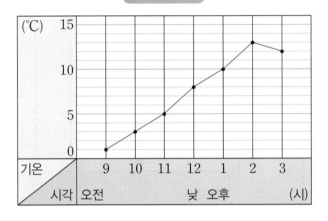

2 유치원 때부터 4학년 때까지 매년 3월에 봄이의 키를 재어 나타낸 표입니다. 표를 꺾은 선그래프로 나타내고 그 과정을 다른 사람에게 설명해 보세요.

봄이의 키

학년(학년)	유치원	1	2	3	4
키(cm)	121	124	127	131	135

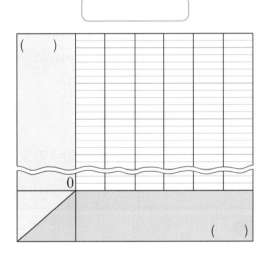

꺾은선그래프는
이렇게 연결돼요

 막대그래프

 꺾은선그래프

 평균과 가능성

 그림그래프,
띠그래프와 원그래프

[1~3] 바다가 기르는 강아지의 몸무게를 매월 1일에 조사하여 나타낸 꺾은선그래프입니다. 물음에 답하세요.

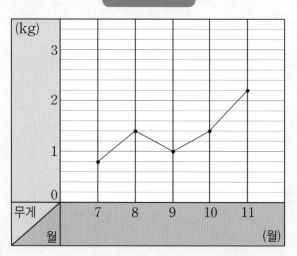

1 세로 눈금 한 칸은 몇 kg인가요?

( )

2 몸무게가 줄어들기 시작한 때는 언제인가요?

( )

3 조사하는 동안 강아지의 몸무게는 몇 kg 늘었나요?

풀이

( )

[4~7] 하늘이가 양파를 키우면서 일주일 간격으로 양파의 키를 재어 나타낸 꺾은선그래프입니다. 물음에 답하세요.

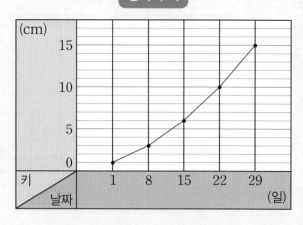

4 그래프를 보고 빈칸에 양파의 키를 써넣으세요.

양파의 키

날짜(일)	1	8	15	22	29
키(cm)	1		6		

5 양파의 키가 가장 많이 자란 때는 며칠과 며칠 사이인가요?

( )

6 양파의 키가 가장 적게 자란 때는 며칠과 며칠 사이인가요?

( )

7 29일로부터 일주일 후 양파의 키는 몇 cm일까요? 그렇게 생각한 이유는 무엇인가요?

> 이유

(   )

[8~12] 강이가 감기가 나을 때까지 매일 오후 6시에 체온을 재어 나타낸 표입니다. 물음에 답하세요.

강이의 체온

요일	월	화	수	목	금
체온(℃)	36.9	37.5	37.9	37.1	36.5

8 꺾은선그래프로 나타낼 때 가로와 세로에 각각 무엇을 나타내어야 할까요?

가로 (   )

세로 (   )

9 물결선을 몇 ℃와 몇 ℃ 사이에 넣으면 좋을까요? 그렇게 생각한 이유는 무엇인가요?

> 이유

(   )

10 표를 보고 꺾은선그래프로 나타내어 보세요.

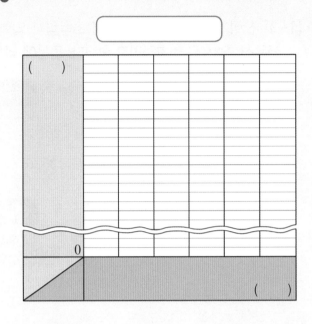

11 강이의 체온이 가장 높은 때는 몇 ℃였나요?

(   )

12 목요일 오전 6시에 강이의 체온은 몇 ℃였을까요? 그렇게 생각한 이유는 무엇인가요?

> 이유

(   )

143

[1~3] 산이가 사는 지역의 연도별 초등학교 입학생 수와 졸업생 수를 각각 꺾은선그래프로 나타내어 두 꺾은선그래프를 비교하려고 합니다. 물음에 답하세요.

연도별 입학생 수

연도(년)	2016	2017	2018	2019
입학생 수(명)	13526	14193	14056	13954

연도별 졸업생 수

연도(년)	2016	2017	2018	2019
졸업생 수(명)	13872	13515	13620	14730

1 물결선을 넣는다면 몇 명부터 몇 명 사이에 넣으면 좋을까요? 그렇게 생각한 이유는 무엇인가요?

> 이유

(   )

2 세로 눈금 25칸 안에 꺾은선그래프를 나타내려고 합니다. 물결선을 넣는다면 세로 눈금 한 칸을 몇 명으로 나타내어야 할까요? 그렇게 생각한 이유는 무엇인가요?

> 이유

(   )

3 표를 꺾은선그래프로 나타내고 알 수 있는 내용을 이용하여 기사를 써 보세요.

제목: _____

김비아 기자

_____

_____

_____

_____

연도별 입학생 수

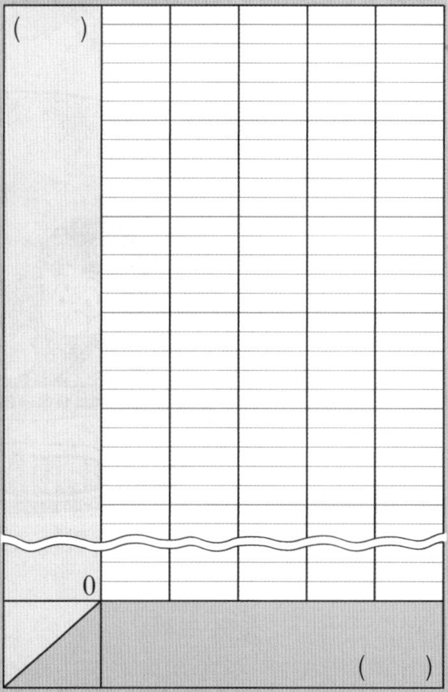

연도별 졸업생 수

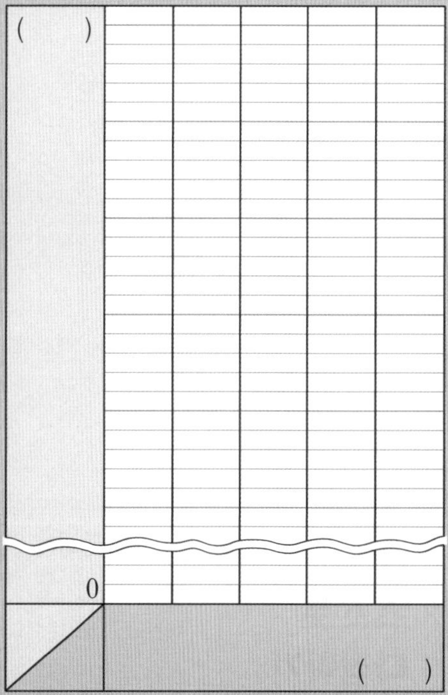

6 도형을 어떻게 분류하면 좋을까요?

다각형

★ 여러 가지 다각형을 분류하고 정다각형, 대각선을 알 수 있어요.
★ 다각형으로 모양을 만들거나 채울 수 있어요.

✓ Check

스스로 다짐하기

□ 정답을 맞히는 것도 중요하지만, 문제를 푼 과정을 설명하는 것도 중요해요.
□ 새롭고 어려운 내용이 많지만, 꼼꼼하게 풀어 보세요.
□ 스스로 과제를 해결하는 것이 힘들지만, 참고 이겨 내면 기분이 더 좋아져요.

꼬리에 꼬리를 무는 개념 ✦

4-2-2

사각형
- 수직과 수선을 알고 수선 긋기
- 평행과 평행선 알기
- 평행선 사이의 거리 알기
- 여러 가지 사각형 알기

직육면체
- 직육면체와 정육면체를 이해하기
- 직육면체의 겨냥도 이해하고 그리기
- 정육면체와 직육면체의 전개도를 이해하고 그리기

4-2-6

삼각형
- 변의 길이에 따라 삼각형 분류하기
- 이등변삼각형과 정삼각형 알아보기
- 각의 크기에 따라 삼각형 분류하기
- 예각삼각형, 직각삼각형, 둔각삼각형 알아보기

4-2-4

다각형
- 다각형 알아보기
- 정다각형과 대각선 알아보기
- 모양 만들기와 채우기

5-2-5

스스로 계획 짜기 ✏️

1일차	2일차	3일차	4일차	5일차
____월 ____일	____월 ____일	____월 ____일	____월 ____일	____월 ____일

6일차
____월 ____일

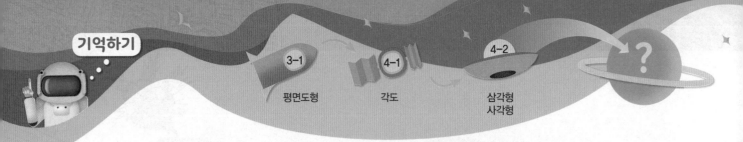
기억 1   선분, 반직선, 직선

- 두 점을 곧게 이은 선을 선분이라고 합니다.
- 한 점에서 시작하여 한쪽으로 끝없이 늘인 곧은 선을 반직선이라고 합니다.
- 선분을 양쪽으로 끝없이 늘인 곧은 선을 직선이라고 합니다.

1 다음 도형을 보고 선분에 ○표, 반직선에 △표, 직선에 □표 해 보세요.

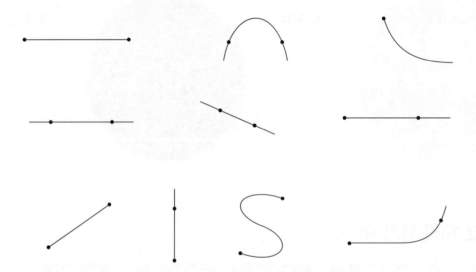

기억 2   각도, 수직

- 삼각형의 세 각의 크기의 합은 $180°$이고, 사각형의 네 각의 크기의 합은 $360°$입니다.
- 두 직선이 만나서 이루는 각이 직각일 때, 두 직선은 서로 수직이라고 합니다. 또 두 직선이 서로 수직으로 만나면, 한 직선을 다른 직선에 대한 수선이라고 합니다.

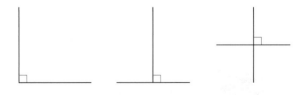

2 ☐ 안에 알맞은 수를 써넣으세요.

(1)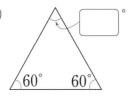

(2)

3 서로 수직인 직선을 모두 찾아 기호를 써 보세요.

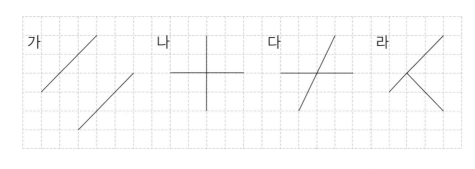

(   )

기억 3   **정삼각형, 정사각형**

- 세 변의 길이가 같은 삼각형을 정삼각형이라고 합니다.
- 네 각이 모두 직각이고 네 변의 길이가 모두 같은 사각형을 정사각형이라고 합니다.

---

4 도형을 보고 빈칸에 알맞은 수나 말을 써넣으세요.

도형			
변의 수			
꼭짓점의 수			
도형의 이름			

149

도형을 어떻게 분류하면 좋을까요?

[1~2] 여러 가지 도형을 보고 물음에 답하세요.

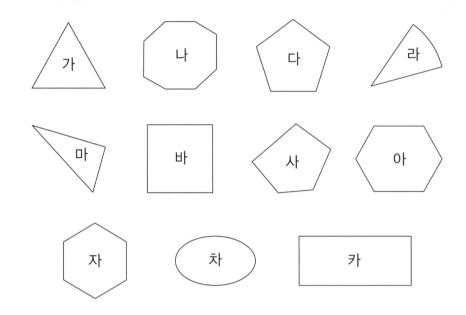

1 여러 가지 도형을 관찰하고 특징을 써 보세요.

(1) 도형을 이루는 선분을 관찰하고 어떤 특징이 있는지 써 보세요.

   예 도형을 이루는 선분의 수가 다양합니다.

(2) 도형에서 각을 관찰하고 어떤 특징이 있는지 써 보세요.

여러 가지 도형을 기준을 정하여 분류해 보세요.

(1) 도형을 분류할 수 있는 분류 기준을 다양하게 써 보세요.

(2) 도형을 다양한 방법으로 분류해 보세요.

기준1:	
기준2:	
기준3:	

(3) 선분으로만 둘러싸인 도형을 변의 수에 따라 분류하고 도형의 이름을 써 보세요.

(4) 선분으로만 둘러싸인 도형 중에서 변의 길이가 모두 같고, 각의 크기가 모두 같은 도형의 기호를 쓰고 도형의 이름을 써 보세요.

다각형

1 여러 가지 도형을 보고 물음에 답하세요.

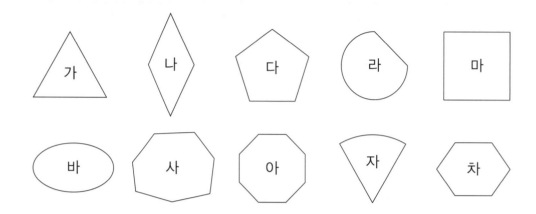

(1) 도형을 선의 특징에 따라 분류하여 빈칸에 알맞은 기호를 써넣으세요.

선분으로만 둘러싸인 도형	곡선이 포함된 도형

개념 정리 다각형을 알 수 있어요

- 선분으로만 둘러싸인 도형을 다각형이라고 합니다.
- 다각형은 변의 수에 따라 변이 6개이면 육각형, 변이 7개이면 칠각형, 변이 8개이면 팔각형이라고 부릅니다.
- 변의 길이가 모두 같고, 각의 크기가 모두 같은 다각형을 정다각형이라고 합니다.

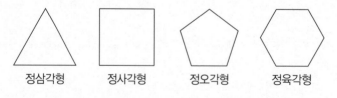

정삼각형   정사각형   정오각형   정육각형

(2) 다각형을 변의 수에 따라 분류하여 빈칸에 알맞은 수나 말을 써넣으세요.

변의 수(개)					
도형의 기호					
도형의 이름					

(3) 자를 사용하여 다각형의 변의 길이를 재어 다각형을 변의 길이에 따라 분류해 보세요.

변의 길이가 모두 같아요	변의 길이가 모두 같지는 않아요

(4) 각도기를 사용하여 다각형의 각의 크기를 재어 다각형을 각의 크기에 따라 분류해 보세요.

각의 크기가 모두 같아요	각의 크기가 모두 같지는 않아요

(5) 변의 길이가 모두 같고, 각의 크기가 모두 같은 다각형을 찾아 기호를 쓰고 다각형의 이름을 써 보세요.

다각형의 기호				
다각형의 이름				

대각선

1 서로 이웃하지 않는 두 꼭짓점을 잇는 선분을 모두 그어 보세요.

(1)

(2)

개념 정리 대각선을 알 수 있어요

다각형에서 선분 ㄱㄷ, 선분 ㄴㄹ과 같이 서로 이웃하지 않는 두 꼭짓점을 이은 선분을 대각선이라고 합니다.

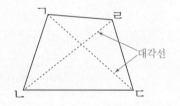

 여러 가지 도형을 보고 물음에 답하세요.

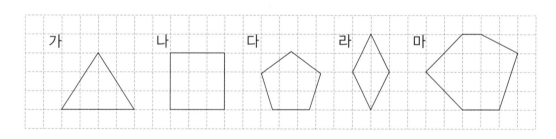

(1) 도형에 대각선을 긋고, 대각선을 그을 수 없는 도형을 찾아 기호와 이름을 써 보세요.

(,   )

(2) 대각선의 길이가 모두 같은 도형을 찾아 기호를 써 보세요.

(   )

(3) 두 대각선이 수직으로 만나는 도형을 찾아 기호를 써 보세요.

(   )

(4) 육각형에 그릴 수 있는 대각선은 모두 몇 개일까요?

(   )

3 도형을 보고 물음에 답하세요.

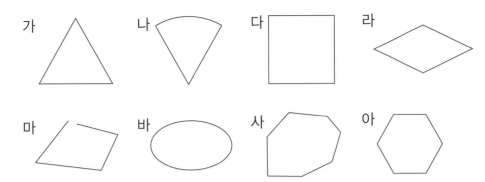

가 나 다 라

마 바 사 아

(1) 도형을 다각형과 다각형이 아닌 도형으로 나누어 기호를 쓰고, 다각형이 아닌 도형은 그 이유를 써 보세요.

다각형	다각형이 아닌 도형

이유

(2) (1)에서 찾은 다각형을 정다각형과 정다각형이 아닌 도형으로 나누어 기호를 쓰고, 정다각형이 아닌 도형은 그 이유를 써 보세요.

정다각형	정다각형이 아닌 도형

이유

(3) (2)에서 찾은 정다각형에 대각선을 긋고, 정다각형의 이름과 대각선의 수를 써 보세요.

정다각형의 이름	대각선의 수

조각을 붙여 다각형을 만들 수 있을까요?

[1~3] 모양 조각을 보고 물음에 답하세요.

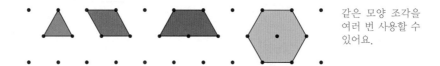

같은 모양 조각을
여러 번 사용할 수
있어요.

1 모양 조각을 사용하여 나만의 모양을 만들어 이름을 붙이고 사용한 모양 조각의 이름과 각각의 수를 써 보세요.

내가 만든 모양의 이름 –	사용한 모양 조각의 이름과 수

2 모양 조각을 사용하여 다각형을 만들어 이름을 붙이고 사용한 모양 조각의 이름과 각각의 수를 써 보세요.

내가 만든 다각형의 이름 –	사용한 모양 조각의 이름과 수

3 다양한 방법으로 평행사변형을 만들고 사용한 모양 조각의 이름과 각각의 수를 써 보세요.

	사용한 모양 조각의 이름과 수
	사용한 모양 조각의 이름과 수

4 주어진 모양 조각을 사용하여 다음 도형을 만들어 보세요.

사용할 모양 조각	만들 도형

모양 만들기

[1~5] 모양 조각을 보고 물음에 답하세요.

같은 모양 조각을
여러 번 사용할 수
있어요.

1 모양 조각 중 1가지 모양 조각만을 사용하여 서로 다른 모양의 사각형 2개를 만들어 보세요.

2 모양 조각 중 2가지 모양 조각을 사용하여 서로 다른 방법으로 삼각형 2개를 만들어 보세요.

3 모양 조각을 사용하여 다양한 방법으로 정육각형을 만들어 보세요.

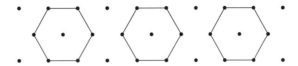

4 모양 조각을 사용하여 다음 모양을 만들고, 사용한 모양 조각의 이름과 각각의 수를 써 보세요.

모양	사용한 모양 조각의 이름과 수

5 모양 조각을 사용하여 나만의 모양을 만들어 이름을 붙이고 사용한 모양 조각의 이름과 각각의 수를 써 보세요.

내가 만든 모양의 이름 –	사용한 모양 조각의 이름과 수

다각형

스스로 정리 다각형과 정다각형, 대각선의 뜻을 정리하고 대각선을 그려 보세요.

1 다각형의 뜻

2 정다각형의 뜻

3 대각선의 뜻

4 사각형의 대각선을 모두 그려 보세요.

개념 연결 빈칸에 알맞은 수나 말을 써넣으세요.

주제	성질과 이름 쓰기			
도형				
변의 수(개)				
꼭짓점의 수(개)				
선의 종류				
이름				

---

1 각 도형에 대각선을 모두 그리고 각 사각형의 대각선에서 발견할 수 있는 특징을 친구에게 편지로 설명해 보세요.

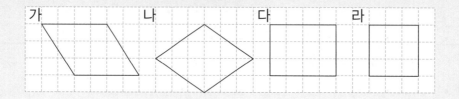

가　　　나　　　다　　　라

1 다각형이 <u>아닌</u> 것을 모두 찾아 기호를 쓰고 다른 사람에게 설명해 보세요.

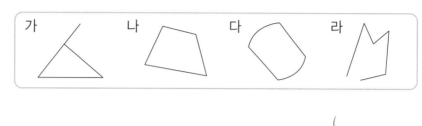

가   나   다   라

(   )

2 그림에서 육각형의 대각선의 수는 모두 9개입니다. 꼭짓점이 하나 더 늘어 칠각형이 된다면 대각선이 몇 개가 될지 그림을 그려서 구하고 다른 사람에게 설명해 보세요.

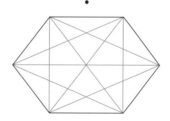

다각형은 이렇게 연결돼요

 4-2 삼각형과 사각형

 4-2 다각형

 5-2 직육면체

 6-1 각기둥과 각뿔

1 도형을 보고 물음에 답하세요.

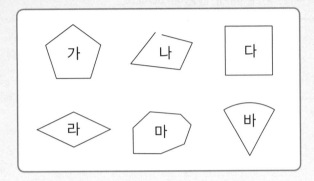

(1) 선분으로만 둘러싸인 도형을 모두 찾아 기호를 써 보세요.

( )

(2) 선분으로만 둘러싸인 도형을 무엇이라고 하는지 써 보세요.

( )

(3) 변의 길이가 모두 같고 각의 크기가 모두 같은 다각형을 모두 찾아 기호를 써 보세요.

( )

(4) 변의 길이가 모두 같고, 각의 크기가 모두 같은 다각형을 무엇이라고 하는지 써 보세요.

( )

2 점 종이에 칠각형을 그려 보세요.

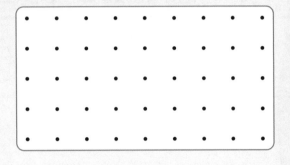

3 그림을 보고 □ 안에 알맞은 말을 써넣으세요.

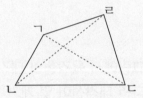

다각형에서 선분 ㄱㄷ, 선분 ㄴㄹ과 같이 서로 이웃하지 않는 두 꼭짓점을 이은 선분을 [   ]이라고 합니다.

4 도형에 대각선을 모두 긋고, 대각선의 개수를 써 보세요.

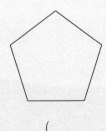

( )

5 다각형이 <u>아닌</u> 도형을 찾아 기호를 써 보세요.

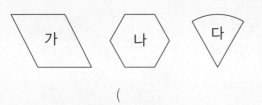

( )

6 사각형에 대각선을 <u>잘못</u> 그린 사람의 이름을 쓰고 그 이유를 써 보세요.

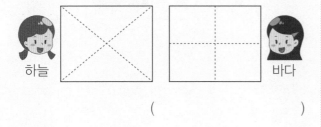

( )

이유

7 도형을 보고 물음에 답하세요.

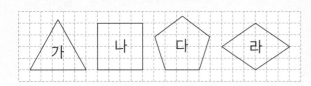

(1) 대각선을 그을 수 없는 도형을 모두 찾아 기호를 써 보세요.

( )

(2) 대각선이 서로 수직으로 만나는 도형을 모두 찾아 기호를 써 보세요.

( )

8 모양을 만드는 데 사용한 다각형의 이름을 모두 써 보세요.

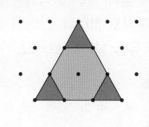

( )

9 모양 조각을 사용하여 주어진 모양을 채워 보세요.

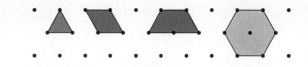

(1)

(2)
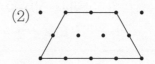

(3)
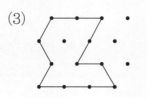

(4)
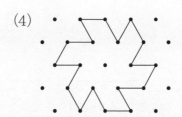

163

1 산이는 다음과 같이 바닥을 빈틈없이 채우는 타일 무늬 꾸미기를 하려고 합니다. 산이의 설명이 맞는지 틀린지 살펴보고, 그 이유를 설명해 보세요.

타일 무늬에 쓰인 다각형은 모두 정다각형이야.

산

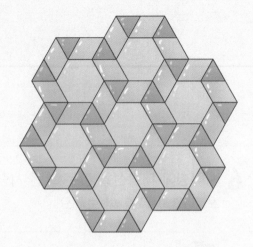

• 산이의 설명이 (맞습니다 , 틀립니다).

• 왜냐하면 _____

_____

2 정오각형과 정육각형의 성질을 이용하여 물음에 답하세요.

나는 정오각형만을 이용해서 무늬 꾸미기를 할 거야.

나는 정육각형만을 이용해서 무늬 꾸미기를 할 거야.

하늘   강

(1) 각도기를 사용하지 않고 정오각형과 정육각형의 한 각의 크기를 각각 구해 보세요.

풀이

정오각형의 한 각 (   ), 정육각형의 한 각 (   )

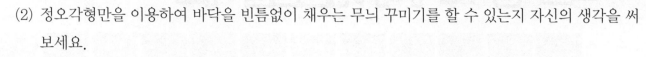

(2) 정오각형만을 이용하여 바닥을 빈틈없이 채우는 무늬 꾸미기를 할 수 있는지 자신의 생각을 써
보세요.

풀이

(3) 정육각형만을 이용하여 바닥을 빈틈없이 채우는 무늬 꾸미기를 할 수 있는지 자신의 생각을 써
보세요.

풀이

3 강이네 학교에서 축구 대회를 준비하고 있습니다. 5개 팀이 각 팀과 모두
한 번씩 경기를 하는 리그전으로 진행하려고 합니다. 오각형과 그 대각선
을 이용하여 리그전의 총 경기 수를 구해 보세요.

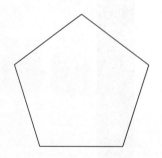

풀이

(   )

초·중·고 수학 개념연결 지도

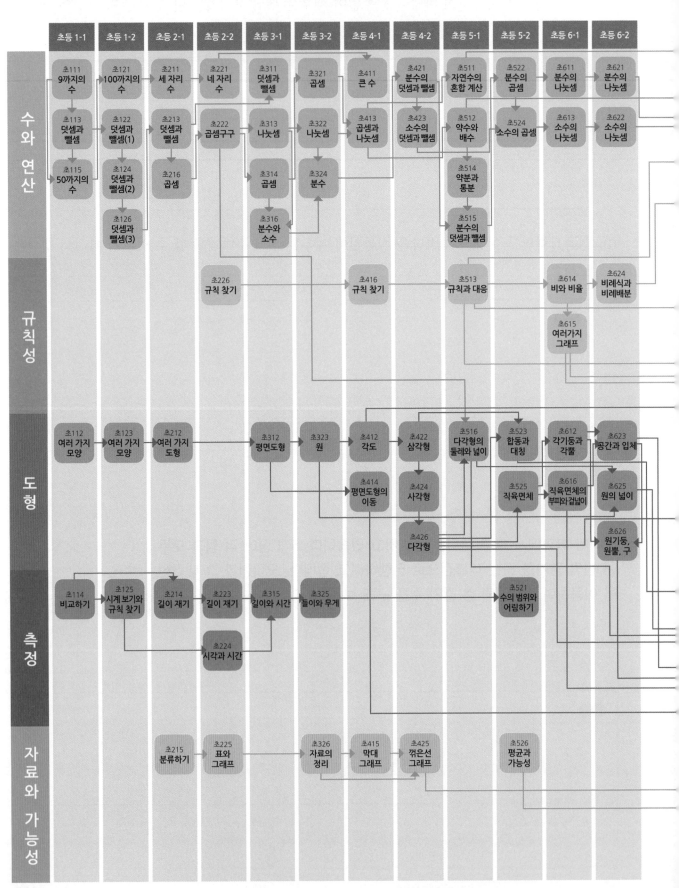

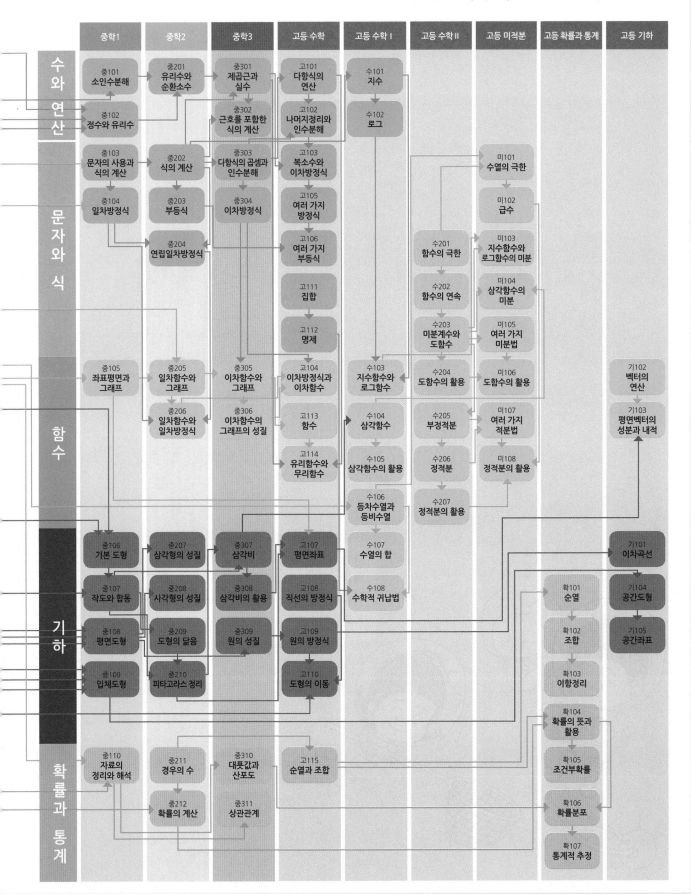

	중학1	중학2	중학3	고등 수학	고등 수학 I	고등 수학 II	고등 미적분	고등 확률과 통계	고등 기하
수와 연산	중101 소인수분해	중201 유리수와 순환소수	중301 제곱근과 실수	고101 다항식의 연산	수101 지수				
	중102 정수와 유리수		중302 근호를 포함한 식의 계산	고102 나머지정리와 인수분해	수102 로그				
문자와 식	중103 문자의 사용과 식의 계산	중202 식의 계산	중303 다항식의 곱셈과 인수분해	고103 복소수와 이차방정식			미101 수열의 극한		
	중104 일차방정식	중203 부등식	중304 이차방정식	고105 여러 가지 방정식			미102 급수		
		중204 연립일차방정식		고106 여러 가지 부등식		수201 함수의 극한	미103 지수함수와 로그함수의 미분		
				고111 집합		수202 함수의 연속	미104 삼각함수의 미분		
				고112 명제		수203 미분계수와 도함수	미105 여러 가지 미분법		
함수	중105 좌표평면과 그래프	중205 일차함수와 그래프	중305 이차함수와 그래프	고104 이차방정식과 이차함수	수103 지수함수와 로그함수	수204 도함수의 활용	미106 도함수의 활용		기102 벡터의 연산
		중206 일차함수와 일차방정식	중306 이차함수의 그래프의 성질	고113 함수	수104 삼각함수	수205 부정적분	미107 여러 가지 적분법		기103 평면벡터의 성분과 내적
				고114 유리함수와 무리함수	수105 삼각함수의 활용	수206 정적분	미108 정적분의 활용		
					수106 등차수열과 등비수열	수207 정적분의 활용			
기하	중106 기본 도형	중207 삼각형의 성질	중307 삼각비	고107 평면좌표	수107 수열의 합				기101 이차곡선
	중107 작도와 합동	중208 사각형의 성질	중308 삼각비의 활용	고108 직선의 방정식	수108 수학적 귀납법			확101 순열	기104 공간도형
	중108 평면도형	중209 도형의 닮음	중309 원의 성질	고109 원의 방정식				확102 조합	기105 공간좌표
	중109 입체도형	중210 피타고라스 정리		고110 도형의 이동				확103 이항정리	
								확104 확률의 뜻과 활용	
확률과 통계	중110 자료의 정리와 해석	중211 경우의 수	중310 대푯값과 산포도	고115 순열과 조합				확105 조건부확률	
		중212 확률의 계산	중311 상관관계					확106 확률분포	
								확107 통계적 추정	

'생각 열기'는 내 생각을 쓰는 문제이기
때문에 답이 여러 가지일 수 있어요.
답과 해설을 참고하여 여러분의 생각과
비교하고 수정해 보세요.

수학의
미래

초등 4-2

정답과 해설

1단원 분수의 덧셈과 뺄셈

기억하기
12~13쪽

1 (1) 예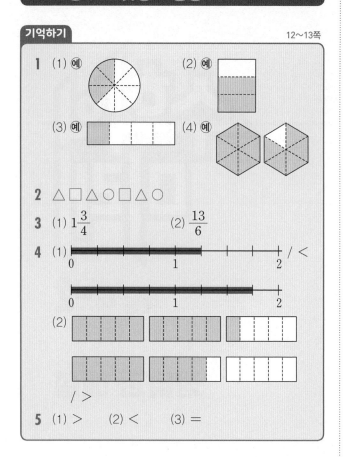

(2) 예

(3) 예

(4) 예

2 △□△○□△○

3 (1) $1\dfrac{3}{4}$ (2) $\dfrac{13}{6}$

4 (1) 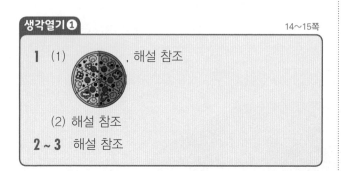 / <

(2)

/ >

5 (1) >   (2) <   (3) =

생각열기 ①
14~15쪽

1 (1) , 해설 참조

(2) 해설 참조

2~3 해설 참조

1 (1) 똑같이 6조각으로 나누어진 피자를 하늘이는 1조각(파란색, $\dfrac{1}{6}$) 먹었고, 오빠는 2조각(빨간색, $\dfrac{2}{6}$) 먹었으므로 하늘이와 오빠가 먹은 피자는 6조각 중의 3조각입니다. 따라서 하늘이와 오빠가 먹은 피자는 전체의 $\dfrac{3}{6}$입니다.

(2) $\dfrac{1}{6}$은 $\dfrac{1}{6}$이 1개, $\dfrac{2}{6}$는 $\dfrac{1}{6}$이 2개인 수입니다. 따라서 $\dfrac{1}{6}+\dfrac{2}{6}$는 $\dfrac{1}{6}$이 3개인 수이므로 $\dfrac{3}{6}$입니다.

2 강이네 가족이 먹은 피자의 양: $\dfrac{5}{8}$(전체를 똑같이 8조각으로 나누어진 것 중 5조각)

이모네 가족이 먹은 피자의 양: $\dfrac{7}{8}$(전체를 똑같이 8조각으로 나누어진 것 중 7조각)

강이네 가족과 이모네 가족이 먹은 피자의 양:

$\dfrac{5}{8}+\dfrac{7}{8}=\dfrac{5+7}{8}=\dfrac{12}{8}=1\dfrac{4}{8}$(판)

강이네 가족과 이모네 가족이 먹은 피자의 양은 모두 $\dfrac{1}{8}$이 12조각이므로 $\dfrac{12}{8}=1\dfrac{4}{8}$입니다.

3 강이의 계산 방법은 분모끼리도 더했기 때문에 틀렸습니다. $\dfrac{2}{4}$는 $\dfrac{1}{4}$이 2개인 수이고, $\dfrac{3}{4}$은 $\dfrac{1}{4}$이 3개인 수입니다. 따라서 $\dfrac{2}{4}+\dfrac{3}{4}$은 $\dfrac{1}{4}$이 5개인 수이므로 $\dfrac{2}{4}+\dfrac{3}{4}=\dfrac{2+3}{4}=\dfrac{5}{4}=1\dfrac{1}{4}$입니다. 즉, 분모가 같은 진분수의 덧셈은 분모는 그대로 두고 분자끼리 더하면 되고, 이때, 가분수는 대분수로 나타낼 수 있습니다.

선생님의 참견

분수의 덧셈을 그림으로 나타내어 보고, 이를 식으로 표현하는 과정을 통해 분모가 같은 진분수끼리 덧셈을 하는 방법, 즉 분수의 덧셈은 단위분수의 개수를 더하는 것과 같음을 스스로 발견하는 것이 중요해요. 문제를 해결하면서 분모가 같은 진분수끼리의 덧셈을 하는 원리와 형식을 알아내고 이를 설명할 수 있어야 하지요.

개념활용 ❶-1
16~17쪽

1 (1) 해설 참조 / 5

(2) 2, 3, 2, 3, 6, $\dfrac{5}{6}$

2 (1) 해설 참조

(2) 5, 7, 5, 7, 8, $\dfrac{12}{8}$, $1\dfrac{4}{8}$

3 (1) $\dfrac{2}{7}+\dfrac{4}{7}=\dfrac{2+4}{7}=\dfrac{6}{7}$

(2) $\dfrac{4}{5}+\dfrac{3}{5}=\dfrac{4+3}{5}=\dfrac{7}{5}\left(=1\dfrac{2}{5}\right)$

(3) $\dfrac{6}{9}+\dfrac{8}{9}=\dfrac{6+8}{9}=\dfrac{14}{9}\left(=1\dfrac{5}{9}\right)$

4 (1) $\dfrac{3}{6}+\dfrac{2}{6}=\dfrac{5}{6}$

예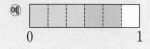

170

(2) $\frac{3}{4}+\frac{2}{4}=\frac{5}{4}\left(=1\frac{1}{4}\right)$

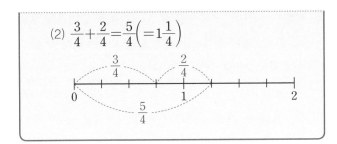

1 (1) 예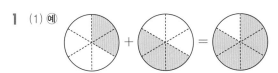

2 (1)

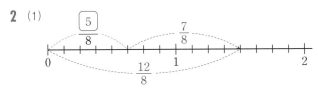

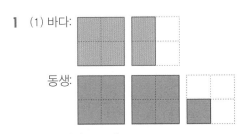 는 생략

생각열기 ❷

18~19쪽

1 (1), (2) 해설 참조

2 ~ 3 해설 참조

1 (1) 바다:

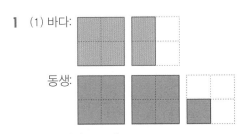

동생:

⇒ 바다+동생

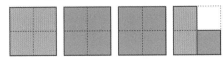

바다와 동생이 종이접기 후 남은 색종이를 그림으로 나타내면 위와 같습니다. 바다와 동생에게 남은 색종이를 합하면 모두 3장과 $\frac{3}{4}$장입니다. 따라서 바다와 동생이 종이접기 후 남은 색종이는 $3\frac{3}{4}$장입니다.

(2) (1)의 그림을 보면 $1\frac{2}{4}$는 색종이 1장과 $\frac{2}{4}$장이고, $2\frac{1}{4}$은 색종이 2장과 $\frac{1}{4}$장입니다. 따라서 $1\frac{2}{4}+2\frac{1}{4}$을 하면, 색종이 3장($1+2=3$)과 $\frac{3}{4}\left(\frac{2}{4}+\frac{1}{4}\right)$장이 되므로 $1\frac{2}{4}+2\frac{1}{4}=3\frac{3}{4}$이 됩니다.

2 산이가 사용한 색지의 양: $2\frac{7}{8}$

누나가 사용한 색지의 양: $1\frac{3}{8}$

산이와 누나가 사용한 색지의 양:

$2\frac{7}{8}+1\frac{3}{8}=(2+1)+\frac{7+3}{8}=3+\frac{10}{8}=4\frac{2}{8}$

산이가 사용한 색지는 2장과 $\frac{7}{8}$장이고, 누나가 사용한 색지는 1장과 $\frac{3}{8}$장입니다. 따라서 산이와 누나가 사용한 색지는 $2+1=3$장, $\frac{7}{8}+\frac{3}{8}=\frac{10}{8}=1\frac{2}{8}$장이므로 모두 4장과 $\frac{2}{8}$장, 즉 $4\frac{2}{8}$장입니다.

3 산이의 계산 방법은 대분수의 자연수 부분을 빼고 진분수끼리만 더했기 때문에 틀렸습니다.

$1\frac{5}{6}$는 1과 $\frac{5}{6}$이고, $1\frac{4}{6}$는 1과 $\frac{4}{6}$입니다. 따라서 $1\frac{5}{6}+1\frac{4}{6}$는 $1+1=2$, $\frac{5}{6}+\frac{4}{6}=\frac{9}{6}=1\frac{3}{6}$이기 때문에 $3\frac{3}{6}$입니다.

다른 방법으로 대분수를 가분수로 나타내면 $1\frac{5}{6}=\frac{11}{6}$이고 $1\frac{4}{6}=\frac{10}{6}$입니다.

그러면 $1\frac{5}{6}+1\frac{4}{6}=\frac{11}{6}+\frac{10}{6}$이 되기 때문에 $\frac{21}{6}=3\frac{3}{6}$이 됩니다. 즉, 분모가 같은 대분수의 덧셈은 자연수 부분끼리, 진분수 부분끼리 더하거나, 대분수를 가분수로 나타내어 계산할 수 있습니다.

선생님의 참견

분모가 같은 대분수끼리의 덧셈도 그림으로 나타내어 보고, 이를 식으로 표현하는 과정을 통해 분수의 덧셈의 방법을 스스로 발견하는 것이 중요해요. 대분수의 덧셈은 자연수 부분과 진분수 부분으로 나누어 계산할 수도 있고, 대분수를 가분수로 나타내어 계산할 수도 있음을 알 수 있어요. 2가지 방법의 원리와 형식을 모두 이해하여 이를 자유롭게 적용해 보세요.

개념활용 ❷-1

20~21쪽

1 (1) 해설 참조 / 15

(2) ① 2, $\frac{1}{4}$, 3, $\frac{3}{4}$, $3\frac{3}{4}$

② $\frac{6}{4}$, $\frac{9}{4}$, $\frac{6}{4}$, $\frac{9}{4}$, $\frac{15}{4}$, $3\frac{3}{4}$

2 (1) 2, 1, $\frac{7}{8}$, $\frac{3}{8}$, 3, $\frac{10}{8}$, 3, $1\frac{2}{8}$, $4\frac{2}{8}$

(2) $\frac{23}{8}$, $\frac{11}{8}$, $\frac{34}{8}$, $4\frac{2}{8}$

3 (1) 방법1 $2\frac{1}{5}+3\frac{2}{5}=(2+3)+\left(\frac{1}{5}+\frac{2}{5}\right)$

$$=5+\frac{3}{5}=5\frac{3}{5}$$

방법2 $2\frac{1}{5}+3\frac{2}{5}=\frac{11}{5}+\frac{17}{5}=\frac{28}{5}=5\frac{3}{5}$

(2) 방법1 $5\frac{5}{6}+1\frac{4}{6}=(5+1)+\left(\frac{5}{6}+\frac{4}{6}\right)$

$$=6+\frac{9}{6}=6+1\frac{3}{6}=7\frac{3}{6}$$

방법2 $5\frac{5}{6}+1\frac{4}{6}=\frac{35}{6}+\frac{10}{6}=\frac{45}{6}=7\frac{3}{6}$

4 (1) $2\frac{4}{7}+1\frac{2}{7}=3\frac{6}{7}$

(2) $1\frac{5}{6}+\frac{3}{6}=2\frac{2}{6}$

1 (1) [그림]

---

2 하늘이가 준비한 음료수의 양: $3\frac{3}{5}$(가득 찬 병이 3개 있고, 음료수 한 병은 전체가 똑같이 5칸으로 나누어진 것 중 3칸이 차 있으므로 $3\frac{3}{5}$)

친구들이 마시고 남은 음료수의 양: $1\frac{2}{5}$(가득 찬 병이 1개 있고, 음료수 한 병은 전체가 똑같이 5칸으로 나누어진 것 중 2칸이 차 있으므로 $1\frac{2}{5}$)

하늘이와 친구들이 마신 음료수의 양:

$$3\frac{3}{5}-1\frac{2}{5}=(3-1)+\left(\frac{3}{5}-\frac{2}{5}\right)=2+\frac{1}{5}=2\frac{1}{5}$$

하늘이와 친구들이 마신 음료수의 양은 가득 찬 병은 $3-1$이 되어서 2, 가득 차지 않은 병은 $\frac{3}{5}-\frac{2}{5}=\frac{1}{5}$이므로 $2\frac{1}{5}$병입니다.

3 하늘이는 대분수를 가분수로 고칠 때 실수를 했습니다.

$2\frac{3}{4}$은 2와 $\frac{3}{4}$이고, 2는 가분수로 나타내면 $\frac{8}{4}$이기 때문에 $2\frac{3}{4}$을 가분수로 나타내면 $\frac{11}{4}$입니다. 마찬가지로 $1\frac{1}{4}$은 1과 $\frac{1}{4}$이고, 1은 가분수로 나타내면 $\frac{4}{4}$이기 때문에 $1\frac{1}{4}$을 가분수로 나타내면 $\frac{5}{4}$입니다.

따라서 $2\frac{3}{4}-1\frac{1}{4}=\frac{11}{4}-\frac{5}{4}=\frac{6}{4}=1\frac{2}{4}$입니다.

> **선생님의 참견**
> 분모가 같은 진분수의 뺄셈과 대분수의 뺄셈을 그림으로 나타내어 보고, 이를 식으로 표현하는 과정을 통해 분모가 같은 진분수의 뺄셈, 대분수의 뺄셈을 하는 방법을 스스로 발견하는 것이 중요해요. 대분수의 덧셈과 마찬가지로 대분수의 뺄셈도 자연수 부분과 진분수 부분으로 나누어 계산할 수도 있고, 대분수를 가분수로 나타내어 계산할 수도 있어요. 2가지 방법의 원리와 형식을 모두 이해하여 이를 자유롭게 적용해 보세요.

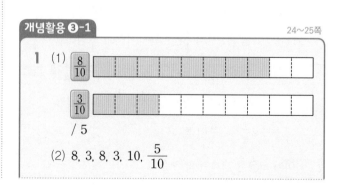

생각열기 ❸   22~23쪽

1 (1), (2) 해설 참조

2~3 해설 참조

1 (1) [그림]

그림을 보면 10칸으로 똑같이 나누어진 물통의 8칸만큼 물이 들어 있었는데 강이가 마시고 난 후 3칸만큼 남았습니다. 따라서 강이는 10칸 중의 5칸을 마셨으므로 강이가 마신 물의 양은 전체의 $\frac{5}{10}$입니다.

(2) $\frac{8}{10}$은 $\frac{1}{10}$이 8개, $\frac{3}{10}$은 $\frac{1}{10}$이 3개인 수입니다. 따라서 $\frac{8}{10}-\frac{3}{10}$은 $\frac{1}{10}$이 5개인 수이므로 $\frac{5}{10}$입니다.

개념활용 ❸-1   24~25쪽

1 (1) $\frac{8}{10}$ [그림]

$\frac{3}{10}$ [그림]

/ 5

(2) 8, 3, 8, 3, 10, $\frac{5}{10}$

2 (1)

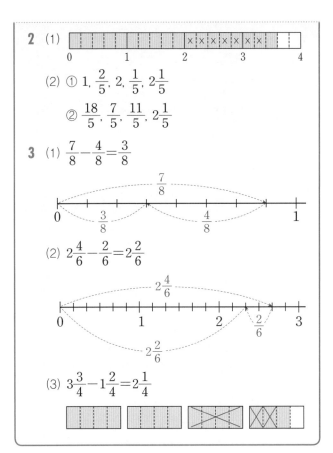

(2) ① $1, \dfrac{2}{5}, 2, \dfrac{1}{5}, 2\dfrac{1}{5}$

② $\dfrac{18}{5}, \dfrac{7}{5}, \dfrac{11}{5}, 2\dfrac{1}{5}$

3 (1) $\dfrac{7}{8}-\dfrac{4}{8}=\dfrac{3}{8}$

(2) $2\dfrac{4}{6}-\dfrac{2}{6}=2\dfrac{2}{6}$

(3) $3\dfrac{3}{4}-1\dfrac{2}{4}=2\dfrac{1}{4}$

생각열기 ④

26~27쪽

1 (1), (2) 해설 참조

2 ~ 4 해설 참조

1 (1)

그림을 보면 16조각으로 똑같이 나누어진 초콜릿에서 9조각을 썼으므로 남은 초콜릿은 7조각입니다. 따라서 바다가 사용하고 남은 초콜릿은 전체 16조각 중의 7조각이므로 전체의 $\dfrac{7}{16}$입니다.

(2) 1을 가분수로 나타내면 $\dfrac{16}{16}$이 되므로

$1-\dfrac{9}{16}=\dfrac{16}{16}-\dfrac{9}{16}=\dfrac{7}{16}$이 됩니다.

2 산이가 가지고 있던 리본의 길이: 2 m

사용한 리본의 길이: $1\dfrac{2}{7}$ m

사용하고 남은 리본의 길이:

$2-1\dfrac{2}{7}=1\dfrac{7}{7}-1\dfrac{2}{7}=(1-1)+\left(\dfrac{7}{7}-\dfrac{2}{7}\right)=\dfrac{5}{7}$

$2-1\dfrac{2}{7}$에서는 분수 부분끼리의 뺄셈을 할 수 없으므로, 자연수 2에서 1만큼을 $\dfrac{7}{7}$로 바꾸어 $1\dfrac{7}{7}-1\dfrac{2}{7}$로 계산할 수 있습니다.

3 집에서 할머니 댁까지의 거리: $5\dfrac{2}{5}$ km

집에서 빵집까지의 거리: $3\dfrac{4}{5}$ km

빵집에서 할머니 댁까지의 거리:

$5\dfrac{2}{5}-3\dfrac{4}{5}=4\dfrac{7}{5}-3\dfrac{4}{5}=(4-3)+\left(\dfrac{7}{5}-\dfrac{4}{5}\right)$

$\qquad\qquad =1+\dfrac{3}{5}=1\dfrac{3}{5}$

$5\dfrac{2}{5}-3\dfrac{4}{5}$에서는 분수 부분끼리의 뺄셈을 할 수 없으므로, 자연수 5에서 1만큼을 $\dfrac{5}{5}$로 바꾸어 $4\dfrac{7}{5}-3\dfrac{4}{5}$로 계산할 수 있습니다.

4 대분수의 뺄셈에서 보면 자연수 부분끼리 뺄셈은 가능하지만, 진분수 부분끼리의 뺄셈 $\left(\dfrac{1}{4}-\dfrac{3}{4}\right)$은 할 수 없습니다.

따라서 $3\dfrac{1}{4}$의 자연수 3에서 1만큼을 $\dfrac{4}{4}$로 바꾸어 $2\dfrac{5}{4}-1\dfrac{3}{4}$으로 계산하면,

$3\dfrac{1}{4}-1\dfrac{3}{4}=2\dfrac{5}{4}-1\dfrac{3}{4}=(2-1)+\left(\dfrac{5}{4}-\dfrac{3}{4}\right)$

$\qquad\qquad =1+\dfrac{2}{4}=1\dfrac{2}{4}$입니다.

선생님의 참견

진분수 부분끼리 뺄 수 없는 경우는 어떻게 해결할까요? 이런 경우에도 그림으로 나타내어 보고, 이를 식으로 표현하는 과정을 통해 그 방법을 스스로 발견하는 것이 중요해요. 진분수 부분끼리 뺄 수 없는 분수의 뺄셈은 자연수에서 1만큼을 분수로 바꾼 후 자연수 부분과 진분수 부분으로 나누어 계산할 수도 있고, 두 수를 모두 가분수로 나타내어 계산할 수도 있어요. 2가지 방법의 원리와 형식을 모두 이해하여 이를 자유롭게 적용해 보세요.

개념활용 ④-1

28~29쪽

1 (1) 예

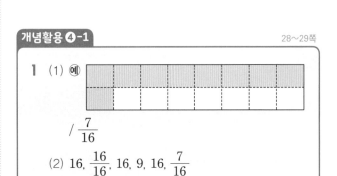

/ $\dfrac{7}{16}$

(2) $16, \dfrac{16}{16}, 16, 9, 16, \dfrac{7}{16}$

2 (1)
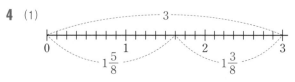

(2) ① $1, 1, \dfrac{7}{7}, \dfrac{5}{7}$

② $\dfrac{14}{7}, \dfrac{9}{7}, \dfrac{5}{7}$

3 (1)

(2) ① $4, 7, 4, \dfrac{7}{5}, 1\dfrac{3}{5}$

② $27, \dfrac{19}{5}, \dfrac{8}{5}, 1\dfrac{3}{5}$

4 (1) $3-1\dfrac{3}{8}=2\dfrac{8}{8}-1\dfrac{3}{8}=(2-1)+\left(\dfrac{8}{8}-\dfrac{3}{8}\right)$

$=1+\dfrac{5}{8}=1\dfrac{5}{8}$

또는 $3-1\dfrac{3}{8}=\dfrac{24}{8}-\dfrac{11}{8}=\dfrac{24-11}{8}$

$=\dfrac{13}{8}=1\dfrac{5}{8}$

(2) $2\dfrac{2}{6}-1\dfrac{4}{6}=1\dfrac{8}{6}-1\dfrac{4}{6}=(1-1)+\left(\dfrac{8}{6}-\dfrac{4}{6}\right)$

$=\dfrac{4}{6}$

또는 $2\dfrac{2}{6}-1\dfrac{4}{6}=\dfrac{14}{6}-\dfrac{10}{6}=\dfrac{14-10}{6}=\dfrac{4}{6}$

4 (1)
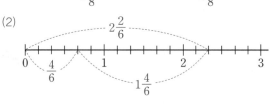

(2)

표현하기

30∼31쪽

스스로 정리

1 [방법1] $2\dfrac{3}{5}+1\dfrac{4}{5}=(2+1)+\left(\dfrac{3}{5}+\dfrac{4}{5}\right)=3+\dfrac{7}{5}$

$=3+1\dfrac{2}{5}=4\dfrac{2}{5}$

[방법2] $2\dfrac{3}{5}+1\dfrac{4}{5}=\dfrac{13}{5}+\dfrac{9}{5}=\dfrac{22}{5}=4\dfrac{2}{5}$

2 [방법1] $4\dfrac{1}{3}-2\dfrac{2}{3}=3\dfrac{4}{3}-2\dfrac{2}{3}$

$=(3-2)+\left(\dfrac{4}{3}-\dfrac{2}{3}\right)=1\dfrac{2}{3}$

[방법2] $4\dfrac{1}{3}-2\dfrac{2}{3}=\dfrac{13}{3}-\dfrac{8}{3}=\dfrac{5}{3}=1\dfrac{2}{3}$

개념 연결

$\dfrac{1}{2}$의 뜻	전체를 똑같이 2로 나눈 것 중의 1
$\dfrac{2}{3}$의 뜻	전체를 똑같이 3으로 나눈 것 중의 2
진분수의 뜻	분자가 분모보다 작은 분수
가분수의 뜻	분자가 분모와 같거나 분모보다 큰 분수
대분수의 뜻	자연수와 진분수로 이루어진 분수

[1] (진분수)+(진분수): 진분수끼리의 덧셈은 분모는 그대로 두고 분자끼리 더하여 계산할 수 있어. 이때 결과가 가분수이면 대분수로 나타낼 수도 있지.

(대분수)+(대분수): 대분수끼리의 덧셈은 2가지 방법으로 계산할 수 있어. 자연수 부분과 진분수 부분으로 나누어서 자연수끼리 더하고 진분수끼리 더하는 방법으로 해결할 수 있지. 또 다른 방법으로는 대분수를 가분수로 나타내어 계산하고 결과를 다시 대분수로 나타내는 방법도 있어.

(진분수)−(진분수): 진분수끼리의 뺄셈은 분모는 그대로 두고 분자끼리 뺄셈하여 계산할 수 있어.

(대분수)−(대분수): 대분수끼리의 뺄셈은 분수 부분끼리 뺄 수 있는 경우와 뺄 수 없는 경우로 나누어 생각해야 해.

먼저 분수 부분끼리의 뺄셈을 할 수 있는 경우에는 대분수의 덧셈과 마찬가지로 두 가지 방법으로 계산할 수 있어. 자연수 부분과 진분수 부분으로 나누어서 자연수끼리 뺄셈하고 진분수끼리 뺄셈하는 방법으로 해결할 수 있어. 또 다른 방법으로는 대분수를 가분수로 나타내어 계산할 수도 있지.

분수 부분끼리의 뺄셈을 할 수 없는 경우에는 자연수에서 1만큼을 분수로 바꾸어 계산하거나, 두 수를 모두 가분수로 나타내어 계산할 수도 있어.

선생님 놀이

1 6 m

2 $2\dfrac{2}{3}$컵

1 포장을 하는 데 사용한 리본이 $2\dfrac{3}{7}$ m이고, 남은 리본이

$3\frac{4}{7}$ m이므로 처음 리본의 길이는 이 두 길이를 더해야 합니다. 대분수는 자연수 부분과 진분수 부분으로 나누어 자연수 부분끼리 더하고, 진분수 부분끼리 더하여 계산합니다.

$$2\frac{3}{7}+3\frac{4}{7}=(2+3)+\left(\frac{3}{7}+\frac{4}{7}\right)=5+\frac{7}{7}=6\text{(m)}$$

2 슬기가 도영이보다 더 많이 사용한 밀가루의 양을 구하려면 슬기가 사용한 밀가루의 양에서 도영이가 사용한 밀가루의 양을 빼야 합니다. 대분수를 가분수로 바꾸어 계산합니다.

$$5\frac{1}{3}-2\frac{2}{3}=\frac{16}{3}-\frac{8}{3}=\frac{8}{3}=2\frac{2}{3}$$

단원평가 기본　　　　　　　　　　　　　　　32~33쪽

1 3, 2, 5

2 6, 3, 3

3 (1) 7, 1, 2　　　　(2) 6, 6, 3

4 (1) $5\frac{7}{8}$　　　　(2) $7\frac{3}{6}$

　　(3) $1\frac{1}{4}$　　　　(4) $3\frac{2}{3}$

5 $2\frac{2}{4}$

6 =

7 9, $1\frac{4}{7}$

8 (1), (2) 해설 참조

9 1, 2

10 (1), (2) 해설 참조

---

4 (1) $3\frac{2}{8}+2\frac{5}{8}=(3+2)+\left(\frac{2}{8}+\frac{5}{8}\right)=5+\frac{7}{8}=5\frac{7}{8}$

　　　또는 $3\frac{2}{8}+2\frac{5}{8}=\frac{26}{8}+\frac{21}{8}=\frac{47}{8}=5\frac{7}{8}$

　　(2) $2\frac{5}{6}+4\frac{4}{6}=(2+4)+\left(\frac{5}{6}+\frac{4}{6}\right)=6+\frac{9}{6}$

　　　　　　　　　$=6+1\frac{3}{6}=7\frac{3}{6}$

　　　또는 $2\frac{5}{6}+4\frac{4}{6}=\frac{17}{6}+\frac{28}{6}=\frac{45}{6}=7\frac{3}{6}$

　　(3) $4-2\frac{3}{4}=3\frac{4}{4}-2\frac{3}{4}=(3-2)+\left(\frac{4}{4}-\frac{3}{4}\right)$

　　　　　　　　$=1+\frac{1}{4}=1\frac{1}{4}$

　　　또는 $4-2\frac{3}{4}=\frac{16}{4}-\frac{11}{4}=\frac{5}{4}=1\frac{1}{4}$

---

(4) $6\frac{1}{3}-2\frac{2}{3}=5\frac{4}{3}-2\frac{2}{3}=(5-2)+\left(\frac{4}{3}-\frac{2}{3}\right)$

　　　　　　　$=3+\frac{2}{3}=3\frac{2}{3}$

　　또는 $6\frac{1}{3}-2\frac{2}{3}=\frac{19}{3}-\frac{8}{3}=\frac{11}{3}=3\frac{2}{3}$

5 $5\frac{3}{4}-3\frac{1}{4}=(5-3)+\left(\frac{3}{4}-\frac{1}{4}\right)=2+\frac{2}{4}=2\frac{2}{4}$

6 $3\frac{1}{9}-1\frac{4}{9}=\frac{28}{9}-\frac{13}{9}=\frac{15}{9}=1\frac{6}{9}$

　　$\frac{7}{9}+\frac{8}{9}=\frac{7+8}{9}=\frac{15}{9}=1\frac{6}{9}$

7 가장 큰 수: $5\frac{2}{7}$, 가장 작은 수: $3\frac{5}{7}$

　　합: $3\frac{5}{7}+5\frac{2}{7}=(3+5)+\left(\frac{5}{7}+\frac{2}{7}\right)=8+\frac{7}{7}=9$

　　차: $5\frac{2}{7}-3\frac{5}{7}=\frac{37}{7}-\frac{26}{7}=\frac{11}{7}=1\frac{4}{7}$

8 (1)

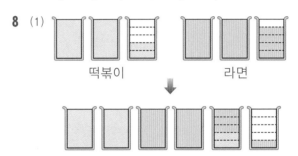

떡볶이　　　　　라면

승현이가 사용한 물은 모두 $5\frac{1}{5}$컵입니다.

　　(2) **방법1** $2\frac{2}{5}+2\frac{4}{5}=(2+2)+\left(\frac{2}{5}+\frac{4}{5}\right)=4+\frac{6}{5}$

　　　　　　　　　$=4+1\frac{1}{5}=5\frac{1}{5}$

　　　방법2 $2\frac{2}{5}+2\frac{4}{5}=\frac{12}{5}+\frac{14}{5}=\frac{26}{5}=5\frac{1}{5}$

9 $1\frac{2}{8}$를 가분수로 나타내면 $\frac{10}{8}$입니다. $\frac{7}{8}+\frac{\square}{8}<\frac{10}{8}$이 되려면 $\square$에는 1, 2가 들어갈 수 있습니다.

10 (1)

시진이가 사용하고 남은 찰흙은 $\frac{2}{4}$개입니다.

　　(2) **방법1** $2\frac{1}{4}-1\frac{3}{4}=1\frac{5}{4}-1\frac{3}{4}=(1-1)+\left(\frac{5}{4}-\frac{3}{4}\right)$

　　　　　　　　　$=\frac{2}{4}$

　　　방법2 $2\frac{1}{4}-1\frac{3}{4}=\frac{9}{4}-\frac{7}{4}=\frac{2}{4}$

1 $1\dfrac{4}{7}$

2   (1), (2) 해설 참조

3   (1) $4\dfrac{1}{4}$개   (2) $\dfrac{2}{3}$개

4 $7\dfrac{2}{10}-5\dfrac{7}{10}=6\dfrac{12}{10}-5\dfrac{7}{10}$

                   $=(6-5)+\left(\dfrac{12}{10}-\dfrac{7}{10}\right)=1\dfrac{5}{10}$

     / 약 $1\dfrac{5}{10}$ m

5 $8-1\dfrac{5}{8}=7\dfrac{8}{8}-1\dfrac{5}{8}=(7-1)+\left(\dfrac{8}{8}-\dfrac{5}{8}\right)=6\dfrac{3}{8}$

     / $6\dfrac{3}{8}$판

---

1 두 분수의 분모가 같으므로 두 분수의 분모는 모두 7입니다.

ⓒ, ㉣를 보면 큰 분수는 $\square\dfrac{3}{7}$, 작은 분수는 $3\dfrac{\square}{7}$입니다.

두 분수의 합이 $9\dfrac{2}{7}$가 되려면 진분수 부분끼리의 합이 $\dfrac{3}{7}+\dfrac{\square}{7}=1\dfrac{2}{7}$가 되어야 합니다. 따라서 작은 분수의 진분수 부분은 $\dfrac{6}{7}$이 되어야 하고, 큰 분수의 자연수 부분은 5이므로 두 대분수는 $5\dfrac{3}{7}$, $3\dfrac{6}{7}$입니다.

따라서 $5\dfrac{3}{7}-3\dfrac{6}{7}=1\dfrac{4}{7}$가 됩니다.

2 (1) 분모끼리 더하면 안돼. 분모가 같은 분수의 덧셈은 단위분수의 개수를 세어 계산할 수 있어.
분모가 같으므로 분자끼리만 더해야 돼.
$1\dfrac{2}{6}+\dfrac{3}{6}=\dfrac{8}{6}+\dfrac{3}{6}=\dfrac{11}{6}=1\dfrac{5}{6}$야.

(2) 대분수끼리의 뺄셈에서 자연수 부분과 진분수 부분으로 나누어서 계산할 때, 자연수와 진분수를 각각 큰 수에서 작은 수를 빼는 것이 아니라 큰 대분수에서 작은 대분수를 빼야 해. 이때 진분수끼리의 뺄셈을 할 수 없으면, 자연수 부분에서 1만큼을 분수로 바꾸어 계산하는거야.
바르게 계산하면,
$2\dfrac{1}{7}-1\dfrac{6}{7}=1\dfrac{8}{7}-1\dfrac{6}{7}=(1-1)+\left(\dfrac{8}{7}-\dfrac{6}{7}\right)=\dfrac{2}{7}$야.

3 (1) $1\dfrac{2}{4}+2\dfrac{3}{4}=(1+2)+\left(\dfrac{2}{4}+\dfrac{3}{4}\right)=3+\dfrac{5}{4}=4\dfrac{1}{4}$

     (2) $1\dfrac{1}{3}-\dfrac{2}{3}=\dfrac{4}{3}-\dfrac{2}{3}=\dfrac{2}{3}$

2단원 삼각형

1 예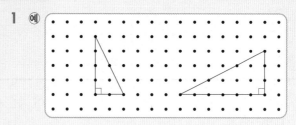

2 가, 다

3 예각, 예각, 예각, 둔각

4 (1) 예   (2) 예

5 180°

6 90°, 40°, 180° 또는 40°, 90°, 180°

---

1 (1) 예 나, 다, 라; 길이가 같은 변이 있는 삼각형
/ 가, 마; 모든 변의 길이가 다른 삼각형
(2) 예 나; 세 변의 길이가 같은 삼각형
가, 다, 라, 마; 세 변의 길이가 모두 같은 삼각형이 아닌 나머지 삼각형

2 (1) 1과 2의 삼각형은 두 변의 길이가 같습니다. 3과 4의 삼각형은 세 변의 길이가 모두 같습니다.
(2) 두 변의 길이가 같은 삼각형(1, 2)과 모든 변의 길이가 같은 삼각형(3, 4)으로 분류할 수 있습니다.

선생님의 참견

다양한 삼각형의 길이를 살펴보고, 길이에 따라 분류해 보세요. 길이의 특징을 세심하게 관찰하여 기준을 정하고 각각의 특징을 설명해 보세요.

---

1 (1) 두 변의 길이가 같은 삼각형과 세 변의 길이가 같은 삼각형
또는 길이가 같은 변이 있는 삼각형과 모든 변의 길이가 다른 삼각형

(2) (왼쪽에서부터) 나, 다, 라 / 가, 마
(3) (왼쪽에서부터) 다, 라 / 나
2 (1) 가, 나, 라, 마
(2) 나, 마

생각열기 ❷
44~45쪽

1 (1) 색종이를 반으로 접어서 잘랐기 때문에 두 변의 길이가 같습니다.
(2) (예상) 같습니다. 다릅니다.
(3) 확인해 보니 두 각의 크기가 같습니다. 왜냐하면 겹쳐서 잘랐기 때문입니다.

2 (1)
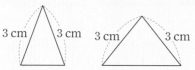
세 각의 크기를 재어 보니 두 각의 크기가 같습니다.
(2)
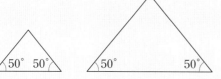
세 변의 길이를 재어 보니 두 변의 길이가 같습니다.

3 (1) 이등변삼각형이라고 할 수 있습니다.
(2) 변의 길이를 재어 두 변의 길이가 같은지 확인해 봅니다.
각의 크기를 재어 두 각의 크기가 같은지 확인해 봅니다.
반으로 접었을 때 포개어지는지 확인해 봅니다.

선생님의 참견

이등변삼각형을 만드는 그림을 살펴보고, 이등변삼각형에서 공통적으로 보이는 특징을 찾아내어 이를 바탕으로 이등변삼각형의 성질을 생각해 보세요.
이등변삼각형은 두 각의 크기가 같은 성질을 가지고 있어요. 그리고 두 각의 크기가 같은 삼각형은 이등변삼각형이라는 성질도 있어요.

개념활용 ❷-1
46~47쪽

1 (1) (위에서부터) 50, 65, 65
(2) 두 각의 크기가 같습니다.

2 (1) 예
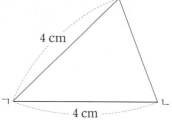
(2) 길이가 같은 두 변에 있는 두 각의 크기가 같습니다.

3 (1)
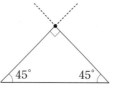
(2) 두 변의 길이가 같으므로 이등변삼각형입니다.

생각열기 ❸
48~49쪽

1 (1) 정삼각형, 이등변삼각형
(2) 두 변의 길이가 같습니다. 세 변의 길이가 같습니다.
(3) 크기와 상관없이 모든 삼각형의 세 각의 크기가 같습니다. 세 각의 크기가 모두 60°입니다.

2 (1)
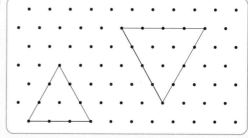
/ 모두 60°
(2) 세 각의 크기가 같습니다.
세 각의 크기가 모두 60°라는 것을 알 수 있습니다.

3 (1)
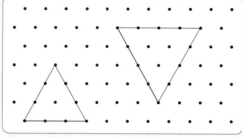
(2) 세 변의 길이가 같으므로 정삼각형입니다.

정상각형에서 공통적으로 보이는 특징을 찾아내어 이를 바탕
으로 정상각형의 성질을 생각해 보세요.
세 변의 길이가 같은 삼각형을 완성하고 세 각의 크기를 재어
보세요. 또 세 각의 크기가 같은 삼각형을 그리고, 그
삼각형은 세 변의 길이가 같은 정상각형인지 확인해
보세요.

개념활용 ❸-1　　　　　50~51쪽

1 (1) 빈칸 모두 60
　　(2) 세 각의 크기가 모두 같습니다. 세 각의 크기가
　　　　모두 60°입니다.

2 (1)

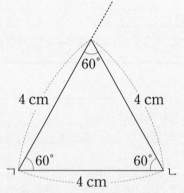

　　(2) 세 각의 크기가 모두 같습니다.
　　　　세 각의 크기가 모두 60°입니다.

3 (1)

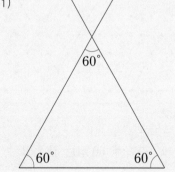

　　(2) 세 변의 길이가 같으므로 정상각형입니다.

생각열기 ❹　　　　　52~53쪽

1 (1) 나, 다, 라, 바; 같은 크기의 각이 있는 삼각형 /
　　　　가, 마; 모든 각의 크기가 다른 삼각형
　　(2) 가, 바; 직각이 있는 삼각형 /
　　　　나, 다, 라, 마; 직각이 없는 삼각형

---

2 (1)

　　(2) 두 변의 길이가 같고, 두 각의 크기가 같습니
　　　　다. 한 각의 크기가 둔각입니다.

여러 가지 삼각형을 각의 크기를 기준으로 분류하고 그 도형들
의 공통점을 발견하여 분류해 보세요.
또, 조건에 맞는 삼각형을 그리고 자와 각도기를 이용
하여 확인해 보세요.

개념활용 ❹-1　　　　　54~55쪽

1 (1) 해설 참조
　　(2) (왼쪽에서부터) 다, 마 / 가, 나 / 라, 바
　　(3) 삼각형의 세 각의 크기의 합은 180°이므로 한
　　　　각이 둔각이면 나머지 두 각의 합은 90°보다
　　　　작아야 합니다. 따라서 두 각 모두 예각이 되어
　　　　야 합니다.

2 (1) 가, 다
　　(2) 라
　　(3) 나, 마

1 (1)

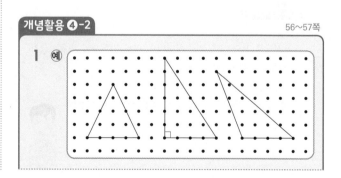

개념활용 ❹-2　　　　　56~57쪽

1 예

178

2 (1) 세에 ○표
(2) 한에 ○표
(3) 한에 ○표

3 (1) 가, 나, 다 / 라, 마, 바
(2) (왼쪽에서부터) 다, 라 / 나, 바 / 가, 마
(3) (왼쪽에서부터) 다 / 나 / 가
(왼쪽에서부터) 라 / 바 / 마

정육각형은 6개의 변의 길이가 모두 같으므로 삼각형 ㄱㄴ
ㄷ은 이등변삼각형입니다. $180°-120°=60°$이므로 이등
변삼각형 ㄱㄴㄷ의 나머지 두 각의 크기는 각각 30°입니
다.
정육각형은 6개의 각의 크기가 같으므로 각 ㄴㄷㄹ도 120°
이고 여기서 30°를 빼면 각 ㄱㄷㄹ은 90°, 즉 직각입니다.
따라서 삼각형 ㄱㄷㄹ은 직각삼각형입니다. 마찬가지로 삼
각형 ㄱㄹㅁ도 직각삼각형이므로 4개의 삼각형 중 예각삼
각형은 하나도 없습니다.

표현하기 58~59쪽

스스로 정리

1 (1) 두 변의 길이가 같은 삼각형
(2) 세 변의 길이가 모두 같은 삼각형
(3) 세 각이 모두 예각인 삼각형
(4) 한 각이 직각인 삼각형
(5) 한 각이 둔각인 삼각형

2 이등변삼각형은 두 각의 크기가 같습니다.

개념 연결

각의 종류	직각, 예각, 둔각
삼각형	세 변으로 둘러싸인 도형 / 180°

1️⃣ 삼각형의 세 각의 크기의 합은 180°인데, 이 삼각형의
두 각의 크기의 합이 $90°+45°=135°$이므로 남은 한 각
의 크기는 $180°-135°=45°$야.
따라서 두 각의 크기가 같으므로 이 삼각형은 이등변삼각
형이야.
그리고 한 각이 직각이므로 직각삼각형이기도 하지.

선생님 놀이

1~2 해설 참조

1 삼각형의 세 각의 크기의 합은 180°이고, 주어진 삼각형의
두 각의 크기가 75°, 65°이므로 남은 한 각의 크기는
$180-(65+75)=180-140=40$°입니다. 삼각형의 세 각
의 크기가 서로 다르므로 이 삼각형은 이등변삼각형이 아
닙니다.

2
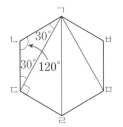

단원평가 기본 60~61쪽

1 (○) ( )

2 6

3 방법1 두 변의 길이가 같은지 확인합니다.
방법2 두 각의 크기가 같은지 확인합니다.

4 60

5 예각

6 (1) ③, ④
(2) ①
(3) ②, ⑤

7 가, 나, 라

8 바

9 다, 마

10 8

11 예
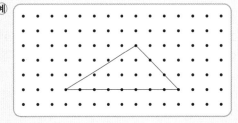

12 둔, 예, 직

13 정삼각형은 세 변의 길이가 모두 같으므로 한 변의
길이는 $33÷3=11$(cm)입니다. / 11 cm

단원평가 심화 62~63쪽

1 (1) 다, 바 / 가, 나, 라, 마
(2) (왼쪽에서부터) 나, 마 / 라 / 가, 다, 바
(3) 해설 참조

2 이유 선분 ㄱㄴ과 선분 ㄱㄷ은 직사각형의 세로의 길이와 같으므로 두 변의 길이가 같아서 삼각형 ㄱ ㄴㄷ은 이등변삼각형입니다.

3 ③

4 7

5 (1) ㉢, ㉤
　　(2) ㉡, ㉣
　　(3) ㉠, ㉥

6

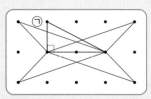

설명 ㉠을 기준으로 왼쪽으로 1칸 이동하거나 오른쪽으로 3칸 이동하면 됩니다. 또는 ㉠에 있는 고무줄을 왼쪽으로 1칸, 아래로 2칸 이동하면 됩니다. 또는 ㉠에 있는 고무줄을 오른쪽으로 3칸, 아래로 2칸 이동하면 됩니다.

1 (3)

	예각삼각형	직각삼각형	둔각삼각형
이등변삼각형	·	·	다, 바
세 변의 길이가 모두 다른 삼각형	나, 마	라	가

3 직각삼각형은 한 각이 직각이므로 나머지 두 각 중에 90°가 있으면 삼각형을 만들 수 없습니다.

4 정삼각형 한 개의 세 변의 길이의 합은 42÷2=21 cm입니다. 따라서 정삼각형 한 변의 길이는 7 cm입니다.

5 삼각형 세 각의 합은 180°입니다. 나머지 한 각의 크기를 찾으면 ㉠ 100° ㉡ 90° ㉢ 50° ㉣ 45° ㉤ 80° ㉥ 140°입니다. 예각삼각형은 세 각이 모두 예각이고, 직각삼각형은 한 각이 직각이고 나머지 두 각이 예각입니다. 또 둔각삼각형은 한 각이 둔각이고 나머지 두 각이 예각입니다.

3단원 소수의 덧셈과 뺄셈

기억하기
66~67쪽

1 0.7

2 해설 참조

3 (1) 0.6
　　(2) 0.4
　　(3) 7

4 (1) $1\frac{8}{10}$, 1.8
　　(2) $2\frac{4}{10}$, 2.4

5

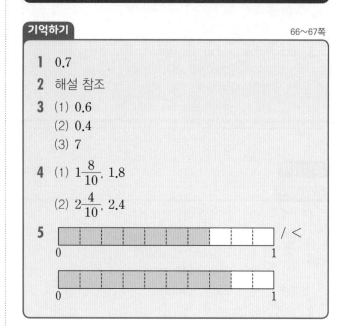

생각열기 ❶
68~69쪽

1 (1) – 배출되는 이산화탄소의 양을 나타냅니다.
　　　 – 1 kg을 나타냅니다.
　　　 – 1 km는 아닙니다.
　　(2) – 이산화탄소의 양을 나타냅니다.
　　　 – 0.1 kg을 나타냅니다.
　　　 – $\frac{1}{10}$ kg을 나타냅니다.
　　(3) (위에서부터) 0 kg / 0.09 kg 또는 $\frac{9}{100}$ kg /
　　　 0.14 kg 또는 $\frac{14}{100}$ kg / 0.13 kg 또는 $\frac{13}{100}$ kg
　　(4) 하이브리드 자동차는 0.09 kg 또는 $\frac{9}{100}$ kg,
　　　 경유 자동차는 0.13 kg 또는 $\frac{13}{100}$ kg, 휘발유
　　　 자동차는 0.14 kg 또는 $\frac{14}{100}$ kg / 해설 참조

2 (1) 0.1 L

(2) (위에서부터) 0.088 L 또는 $\frac{88}{1000}$ L / 0.071 L

또는 $\frac{71}{1000}$ L / 0.062 L 또는 $\frac{62}{1000}$ L

(3) 휘발유 자동차는 0.088 L 또는 $\frac{88}{1000}$ L, 경유

자동차는 0.071 L 또는 $\frac{71}{1000}$ L, 하이브리드

자동차는 0.062 L 또는 $\frac{62}{1000}$ L입니다. / 해

설 참조

3 하이브리드 차를 구입하겠습니다. 하이브리드 자
동차는 1 km를 가는데 0.09 kg로 이산화탄소 배
출량이 가장 적고, 0.062 L로 연료를 가장 적게
사용합니다.

---

1 (4) (3)에서 분수로 나타내었으면, (4)에서는 소수로 나타
내어 봅니다. 1을 작게 잘라서 수를 나타내어야 하므로
분수 또는 소수로 나타낼 수 있습니다.

2 (1) 그림에서 눈금을 읽으면 0부터 0.1 L로 나타낼 수 있습
니다.

(3) (2)에서 분수로 나타내었으면, (3)에서는 소수로 나타
내어 봅니다. 1을 작게 잘라서 수를 나타내어야 하므로
분수 또는 소수로 나타낼 수 있습니다.

3 세 가지 자동차 중에 한 가지를 선택하고 문제에서 제시한
자료를 예로 들어 이유를 설명하면 설득력 있는 답이 됩니
다.

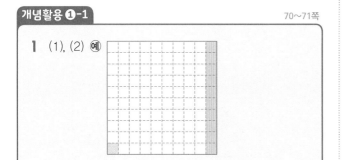

선생님의 참견

0.1보다 작은 크기를 나타내는 방법을 찾아보세요. 더 작은 수
를 나타내기 위해서는 분수 또는 소수를 이용할 수
있어요.

개념활용 **①-1**　　70～71쪽

1 (1), (2) **예**

---

(3) 0.1

(4) **예** 0.01

이유 분모가 10일 때 소수점 옆에 1이 있습니
다. 똑같이 분모가 100일 때는 소수점 옆에 숫
자가 2개 나올 것이므로 0.01이라고 쓸 것 같
습니다.

예 00.1

이유 분모가 10일 때, 0.1이므로 분모가 100이
면 00.1이 될 것 같습니다.

2 (1) $\frac{37}{100}$

(2) 0.37

3 (위에서부터) 2.2, 2.3, 2.4, 2.5, 2.6, 2.7, 2.8, 2.9 /

$2\frac{2}{10}$, $2\frac{3}{10}$, $2\frac{4}{10}$, $2\frac{5}{10}$, $2\frac{6}{10}$, $2\frac{7}{10}$, $2\frac{8}{10}$, $2\frac{9}{10}$

/ $2\frac{43}{100}$, 2.43

---

1 (3) 분수 $\frac{1}{10}$은 소수 0.1과 같습니다.

2 (1) 100칸 중에 37칸이므로 $\frac{37}{100}$이 됩니다.

(2) 한 칸이 0.01이고 37칸이 색칠되어 있으므로 0.37이
됩니다.

3 2와 3을 10칸으로 나눈 큰 눈금은 한 칸의 크기가 $\frac{10}{100}$ 또
는 0.1에 해당합니다.

그래서, 2.1, 2.2, 2.3 … 또는 $2\frac{1}{10}\left(2\frac{10}{100}\right)$,

$2\frac{2}{10}\left(2\frac{20}{100}\right)$, $2\frac{3}{10}\left(2\frac{30}{100}\right)$ … 과 같이 채울 수 있습니다.

개념활용 **①-2**　　72～73쪽

1 (1) $\frac{1}{100}$

(2) $\frac{1}{1000}$, 0.001

(3) $\frac{11}{1000}$, 0.011

2 (1) 0.534

(2) 0.047

3 (위에서부터) 0.42, 0.43, 0.44, 0.45, 0.46, 0.47,

0.48, 0.49 / $\frac{42}{100}$, $\frac{43}{100}$, $\frac{44}{100}$, $\frac{45}{100}$, $\frac{46}{100}$, $\frac{47}{100}$,

$\frac{48}{100}$, $\frac{49}{100}$ / $\frac{42}{100}$, $\frac{456}{1000}$, $\frac{488}{1000}$ / 0.42, 0.456,

0.488

4 (1) 0.008
(2) 0.038
(3) 0.538
(4) 2.538

5 (1) 11.864
(2) 5.036

6 0.554, 0.565

생각열기 ②
74~75쪽

1 ~ 3 해설 참조

1 (1) 첫 번째 틀린 곳: '0.452가 0.63보다 더 큰 수야.'
이유 0.452는 0.63보다 큰 수가 아니기 때문입니다.
두 번째 틀린 곳: '452는 63보다 크기 때문이야.'
이유 0.452의 452는 0.001이 452개란 뜻이고, 0.63의 63은 0.01이 63개란 뜻입니다. 0.63을 0.001이 몇 인지 알아보기 위해서는 0.630으로 바꾸어야 합니다. 0.630은 0.001이 630입니다. 따라서 452와 630을 비교해야 합니다.

(2) – 0.63은 0.630으로 바꿀 수 있습니다. 따라서, $\frac{63}{100}$을 $\frac{630}{1000}$로 나타낼 수 있습니다. 0.452는 $\frac{452}{1000}$입니다.
– 소수를 비교할 때, 분모가 10, 100, 1000인 분수로 나타낼 수 있습니다.
– 두 분수를 비교할 때 분모가 다른 경우는 분모를 같도록 하면 분자의 크기를 이용하여 비교할 수 있습니다.

(3) – 0.63은 0.01이 63이고, 0.452는 0.001이 452입니다. 63과 452를 비교하면 0.452의 452가 큰 것으로 볼 수 있지만, 0.63을 0.630으로 바꾸어 0.001이 630인 수로 나타내면 630으로 452보다 크다는 것을 알 수 있습니다. 따라서, 0.63이 0.452보다 크다는 것을 알 수 있습니다.
– 0.63은 0.1이 6이고 0.452는 0.1이 4입니다. 0.01의 수가 크더라도 0.1의 수가 크지 않으면 큰 수가 될 수 없습니다. 따라서 0.1이 6인 0.63이 0.1이 4인 0.452보다 큰 수입니다.

2 (1)
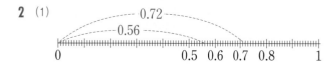

방법 0과 1 사이를 10등분하면 0.1, 0.2, 0.3, …과 같이 눈금을 그려 넣을 수 있습니다. 이때, 0.5와 0.7을 비교하면 0.5보다 0.7이 더 큰 수라는 것을 알 수 있습니다. 0.06과 0.02를 굳이 비교하지 않더라도 0.5와 0.7의 크기만으로도 비교할 수 있습니다.

(2)
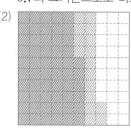

방법 0.56은 파란색으로 칠한 부분이고, 0.72는 빗금으로 나타낸 부분입니다. 0.7의 크기가 0.56의 크기를 덮고 있기 때문에, 0.72의 0.02가 없어도 0.7만으로 크기 비교를 할 수 있습니다.

(3) <

방법 0.56은 소수 첫째 자리 수가 5이고, 0.72는 소수 첫째 자리 수가 7입니다. 소수 둘째 자리 수의 크기와는 상관없이 0.1이 큰 수가 큽니다.
다른 방법으로 0.56은 0.01이 56개이고, 0.72는 0.01이 72개입니다. 56보다 72가 크기 때문에 0.72가 큰 수라는 것을 알 수 있습니다.

3 **예** 0.5는 0.1이 5입니다. 0.50도 0.1이 5입니다. 두 수 모두 0.01은 0이므로 0.1의 수만으로 비교할 수 있습니다. 따라서 0.5와 0.50은 같은 수입니다.

선생님의 참견
소수 두 자리 수와 소수 세 자리 수의 크기를 비교하면서 소수의 크기 비교하는 방법을 알아보세요. 자연수의 비교 방법과 소수의 비교 방법의 차이는 무엇일까요?

개념활용 ②-1
76~77쪽

1 (1) $\frac{45}{100}$, $\frac{52}{100}$
(2) 0.45는 0.01 L의 45배, 0.52는 0.01 L의 52배
(3)
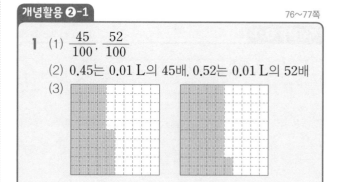

(4) 산, 0.52 또는 $\frac{52}{100}$가 0.45 또는 $\frac{45}{100}$보다 크기 때문입니다.

2 (1) $\frac{40}{100}$, $\frac{35}{100}$

(2) 40배, 35배

(3)

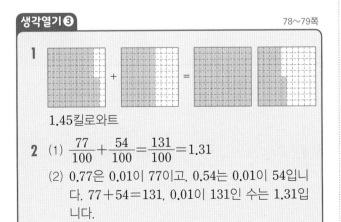

(4) 바다, 0.4는 $\frac{40}{100}$이고 0.35는 $\frac{35}{100}$이므로 0.4가 더 큽니다.

3 (1) (시계 반대 방향으로) $\frac{1}{10}$, $\frac{1}{10}$, $\frac{1}{10}$, 10, 10, 10

(2) 1

(3) 0.001

(4) 0.1

(5) 0.001

1 (1) $0.45=\frac{45}{100}$, $0.52=\frac{52}{100}$

(4) 0.52는 0.01이 52이고 0.45는 0.01이 45이므로 0.52가 큽니다. 0.52를 나타낸 그림과 0.45를 나타낸 그림을 비교하면 0.52가 크다는 것을 알 수 있습니다.

2 (1) (1) $0.4=\frac{4}{10}=\frac{40}{100}$, $0.35=\frac{35}{100}$

(2) 0.4는 0.01 km의 40배, 0.35는 0.01 km의 35배

(4) 0.4는 0.01이 40이고, 0.35는 0.01이 35이므로 0.4가 더 큽니다. 0.4를 수직선에 나타낸 그림과 0.35를 수직선에 나타낸 그림을 비교하면 0.4가 크다는 것을 알 수 있습니다.

생각열기 ❸ 78~79쪽

1

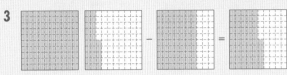

1.45킬로와트

2 (1) $\frac{77}{100}+\frac{54}{100}=\frac{131}{100}=1.31$

(2) 0.77은 0.01이 77이고, 0.54는 0.01이 54입니다. 77+54=131, 0.01이 131인 수는 1.31입니다.

---

(3)
```
  0.7 7
+ 0.5 4
-------
  1.3 1
```

(4) **예** 세로로 계산하기, 자릿수가 같아서 계산하기 쉽습니다.

3

0.55 L

4 (1) $\frac{62}{100}-\frac{28}{100}=\frac{34}{100}=0.34$

(2) 0.62는 0.01이 62이고, 0.28은 0.01이 28입니다. 62-28=34, 0.01이 34인 수는 0.34입니다.

(3)
```
  0.6 2
- 0.2 8
-------
  0.3 4
```

(4) **예** 세로로 계산하기, 자릿수가 맞아서 계산하기 쉽습니다.

2 (4) 0.01을 이용하여 계산하기나 분수로 바꾸어 계산하기, 자연수의 덧셈처럼 계산할 수 있어서 편리합니다.

4 (4) 0.01을 이용하여 계산하기나 분수로 바꾸어 계산하기, 자연수의 뺄셈처럼 계산할 수 있어서 편리합니다.

선생님의 참견

소수의 덧셈과 뺄셈을 알아보세요. 그림, 수직선, 분수, 0.01이나 0.001, 세로 형식과 같이 다양한 방법을 이용하여 더하거나 빼는 활동을 해 보세요.

개념활용 ❸-1 80~81쪽

1 (1) $1.45+1.8=1\frac{45}{100}+1\frac{80}{100}$

$=2+\frac{125}{100}=3.25$ (kg)

(2) 1.45는 0.01이 145이고, 1.8은 0.01이 180입니다.
145+180=325입니다. 0.01이 10개일 때는 0.1이고 100개일 때는 1인 것과 같이 0.01이 325개이면 3.25입니다. 따라서 무게의 합은 3.25 kg입니다.

(3) 가방 $\boxed{1}.\boxed{4}\boxed{5}$
책 $+\ \boxed{1}.\boxed{8}$

$\overline{\ \ \boxed{3}.\boxed{2}\boxed{5}\ }$

2 (1) 식 $0.56+0.84=1.4$(m) 답 1.4 m
(2) 식 $2.5+1.850=4.350$(t)
답 4.350 t 또는 4.35 t

3 (1) 5가지
(2) 학교를 지나가는 길: $2.45+2.86=5.31$(km)
시청을 지나가는 길: $2.85+2.53=5.38$(km)
상가를 지나가는 길: $2.75+2.78=5.53$(km)
병원을 지나가는 길: $3.27+2.19=5.46$(km)
정류장을 지나가는 길:
$3.74+1.95=5.69$(km)
가장 가까운 길은 학교를 지나가는 길입니다.

개념활용 ❸-2
82~83쪽

1 (1) $4.2-1.34=4\dfrac{20}{100}-1\dfrac{34}{100}$

$=3\dfrac{120}{100}-1\dfrac{34}{100}=2\dfrac{86}{100}$

$=2.86$ (kg)

(2) 4.2는 0.01이 420, 1.34는 0.01이 134입니다.
$420-134=286$이므로 0.01이 286인 수는
2.86입니다. 따라서 무게의 차이는 2.86 kg입니다.

(3) 책이 든 가방 $\boxed{4}.\boxed{2}$
가방 $-\ \boxed{1}.\boxed{3}\boxed{4}$

$\overline{\ \ \boxed{2}.\boxed{8}\boxed{6}\ }$

2 (1) 식 $4.25-3.74=0.51$(t) 답 0.51 t
(2) 식 $5-1.75=3.25$(m) 답 3.25 m

3 (1) 2.74 km
(2) ① $4.03-2.74=1.29$(km)
② $3.2-2.74=0.46$(km)
③ $3.5-2.74=0.76$(km)
④ $4.34-2.74=1.6$(km)

스스로 정리

1 0.084, 영 점 영팔사

2 0.357, 영 점 삼오칠

3 (시계 반대 방향으로) $\dfrac{1}{10}$, $\dfrac{1}{10}$, $\dfrac{1}{10}$, 10, 10, 10

개념 연결

분수와 소수   (위에서부터) $\dfrac{4}{10}$, $\dfrac{7}{10}$, 0.1, 0.5, 0.9

소수의 크기 비교   (1) >   (2) <

$\boxed{1}$ (1) <   (2) >   (3) <
소수의 크기를 비교할 때는
(1) 소수 첫째 자리 수를 비교해.
(2) 소수 첫째 자리 수까지 같다면 소수 둘째 자리 수를 비교해.
(3) 소수 둘째 자리 수까지 같다면 소수 셋째 자리 수를 비교하면 돼.

선생님 놀이

1 처음 밀가루는 1.75 kg과 3 kg 짜리가 한 봉지씩이므로 밀가루의 양은 $1.75+3=4.75$(kg)입니다. 빵을 만드는 데 2.248 kg을 사용했으므로 남아 있는 밀가루의 양은
$4.75-2.248=2.502$(kg)입니다.

2 ㉠에서 일의 자리 수는 4입니다.
㉡에서 소수 첫째 자리 수는 4 또는 8이 가능한데, ㉢에 따라서 4는 될 수 없으므로 8입니다.
㉣에서 소수 둘째 자리 수는 7이므로 구하는 수는 4.87입니다.

---

1 일, 7, 소수 첫째, 0.3, 소수 둘째, 0.08

2 영 점 오칠 / 십이 점 영팔

3 (1) 12.865   (2) 4.067

4 (1) 8   (2) 0.08
(3) 0.008   (4) 0.08

5 (1) >   (2) =
(3) <

---

6 (1) 0.01　　　　　　　(2) 0.1
　　 (3) 1　　　　　　　　(4) 0.001

7 (1) 1.4　　　　　　　(2) 5.35
　　 (3) 12.37　　　　　　(4) 25.3
　　 (5) 7.04　　　　　　　(6) 8.44

8 (1) 0.4　　　　　　　(2) 0.89
　　 (3) 2.19　　　　　　　(4) 2.24
　　 (5) 4.85　　　　　　　(6) 3.78

9 택시는 23.457 km, 버스는 24.56 km, 승용차는
　　 2.5 km를 갔습니다. / 버스, 택시, 승용차

10 □+4.35=9.231
　　 9.231−4.35=□
　　 □는 4.881입니다.
　　 바르게 계산하면 4.881−4.35=0.531 / 0.531

---

1 (1) 7.53
　　 (2) 41.973

2 (1) 0.002, 0.2, 2, 0.02
　　 (2) 1.4, 0.014, 1.4, 0.14

3 4.844

4 (1) 1.2+1.23−2.2+0.03=0.26
　　 (2) 10.789−0.08−9.009−1.2=0.5

5 하이브리드 자동차가 2 km 갔을 때 내뿜은 이산
　　 화탄소의 양: 0.097+0.097=0.194(kg)
　　 휘발유 자동차가 2 km 갔을 때 내뿜은 이산화탄
　　 소의 양: 0.14+0.14=0.28(kg)
　　 2 km일 때의 차이: 0.28−0.194=0.086(kg)
　　 10 km일 때의 차이:
　　 0.086+0.086+0.086+0.086+0.086=0.43(kg)
　　 / 0.086 kg, 0.43 kg

6 500장일 때, 5 cm이면 100장일 때, 1 cm이고
　　 10장일 때, 0.1 cm, 1장일 때 0.01 cm입니다.
　　 / 0.01 cm

7 (1) 준희 어머니, 6.338 L
　　 (2) 준희 아버지, 10000원

---

1 (1) 1이 5개이면 5, 0.1이 13개이면 1.3, 0.01이 123개이면
　　 1.23입니다. 5+1.3+1.23=7.53입니다.
　 (2) 1이 34개이면 34, 0.1이 19개이면 1.9, 0.01이 235개이
　　 면 2.35, 0.001이 3723개이면 3.723입니다.
　　 34+1.9+2.35+3.723=41.973

---

2 (2) 10배 하고 $\frac{1}{100}$이면 $\frac{1}{10}$을 한 것과 같습니다.

　　 $\frac{1}{10}$을 100배 하면 10배 한 것과 같습니다.

　　 10배 한 것의 $\frac{1}{10}$은 결국 1배 한 것과 같습니다.

3 가의 조건에 따르면 □.□□□입니다.
　 나의 조건을 보면 4.□□□입니다.
　 다의 조건에 따르면 4.2□1, 4.4□2, 4.6□3, 4.8□4 중 하
　 나입니다.
　 라의 조건에 따르면 일의 자리 수가 4이므로, 4의 $\frac{1}{100}$인
　 0.04가 소수 둘째 자리 수입니다. 따라서 4.241, 4.442,
　 4.643, 4.844가 가능합니다.
　 마의 조건에 따라 각 자리의 숫자를 더해 20이 되는 수는
　 4.844입니다. (4+8+4+4=20)

5 【다른 방법】
　 1 km일 때 휘발유 자동차와 하이브리드 자동차의 차이:
　 0.14−0.097=0.043(kg)
　 10 km일 때의 배출량은 1 km일 때의 10배입니다.
　 10 km일 때의 차이: 0.043 kg의 10배는 0.43 kg

7 (1) 5만 원씩 넣었을 때 기름양의 차이는
　　 43.103−36.765=6.338(L)입니다.
　　 준희 어머니께서 더 많은 기름을 넣으셨습니다.
　 (2) 1 L일 때 휘발유가 1360−1160=200(원) 비쌉니다.
　　 50 L일 때는 200×50=10000(원) 차이입니다.
　　 아버지께서 더 많은 돈을 내셨습니다.

기억하기
92~93쪽

1
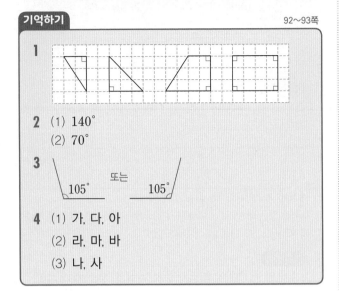

2 (1) 140°
(2) 70°

3
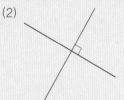
105°   또는   105°

4 (1) 가, 다, 아
(2) 라, 마, 바
(3) 나, 사

생각열기 ❶
94~95쪽

1 (1) 90°, 90°, 54°, 36°, 90°, 90°, 108°, 72°, 36°
(2)

기준	분류한 결과
예각	ㄷ, ㄹ, ㅇ, ㅈ
직각	ㄱ, ㄴ, ㅁ, ㅂ
둔각	ㅅ

(3) 두 직선은 90°로 만나거나 90°보다 큰 각 또는 90°보다 작은 각으로 만납니다.

2 (1) ⑩ 가와 나 또는 다와 라
(2)

(3) ⑩ 가와 나
가의 한 변을 주어진 직선과 일치하게 놓고, 나에서 직각이 있는 변을 가에 붙인 후 직각이 있는 변을 따라 선을 긋고 직각 표시를 합니다.
⑩ 다와 라
주어진 직선 위에 점 ㄱ을 찍은 다음 각도기 다의 중심을 점 ㄱ에 맞추고 각도기 다의 밑금을 주어진 직선과 일치시킵니다. 각도기에서 90°가 되는 눈금 위에 점 ㄴ을 찍습니다. 라를 이용하여 점 ㄱ과 점 ㄴ을 직선으로 잇고 직각 표시를 합니다.

1 (2) 90°인 각과 90°가 아닌 각으로 분류할 수도 있습니다.
90°인 각 ― ㄱ, ㄴ, ㅁ, ㅂ
90°가 아닌 각 ― ㄷ, ㄹ, ㅅ, ㅇ, ㅈ
(3) 여러 가지 방법으로 그릴 수 있습니다.

> **선생님의 참견**
> 두 직선이 만날 때 각도를 재어 90°로 만나는 경우와 90°가 아닌 경우로 만나는 경우 등 여러 가지로 분류할 수 있어야 해요. 그리고 가급적 다양한 방법으로 90°로 만나는 두 직선을 그려 보세요.

개념활용 ❶-1
96~97쪽

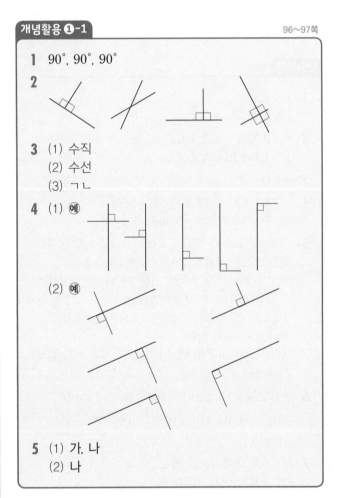

1 90°, 90°, 90°
2

3 (1) 수직
(2) 수선
(3) ㄱㄴ
4 (1) ⑩

(2) ⑩

5 (1) 가, 나
(2) 나

생각열기 ❷
98~99쪽

1 (1), (2) 해설 참조

2 예

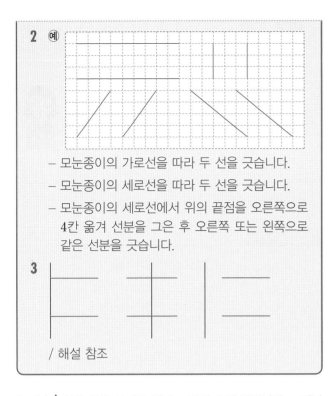

– 모눈종이의 가로선을 따라 두 선을 긋습니다.

– 모눈종이의 세로선을 따라 두 선을 긋습니다.

– 모눈종이의 세로선에서 위의 끝점을 오른쪽으로 4칸 옮겨 선분을 그은 후 오른쪽 또는 왼쪽으로 같은 선분을 긋습니다.

3

/ 해설 참조

1 (1) ┃선은 위와 아래로 길게 그려지게 될 것입니다. 그러나 ┃끼리는 아무리 길게 늘여 그려도 만나지 않을 것 같습니다.

━ 선은 왼쪽과 오른쪽으로 길게 그려지게 될 것입니다. ━끼리는 아무리 길게 늘여 그려도 만나지 않을 것 같습니다.

(2) ┃과 ━이 만날 때 각의 크기는 90°입니다. ┃과 ━은 수직으로 만납니다.

3 문제 1번과 2번에서 가로선과 세로선이 수직으로 만날 때 가로선끼리는 만나지 않고, 세로선끼리도 만나지 않는 것을 알 수 있었습니다. 이것을 이용하면 주어진 직선과 수직인 두 직선을 그었을 때 두 직선은 서로 만나지 않습니다. 직각삼각자 2개를 ①, ②라고 한다면 직각삼각자 ①의 한 변을 주어진 직선에 일치하게 대고, 직각삼각자 ②의 직각이 있는 변을 직각삼각자 ①에 대고 선을 긋습니다. 또 직각삼각자 ②를 옮겨서 직각삼각자 ①에 대고 선을 긋습니다. 이렇게 그려진 두 직선은 서로 만나지 않습니다.

선생님의 참견

책장의 가로와 세로를 선으로 늘여 그려 보면서 두 직선이 만나지 않는 경우를 알아보세요. 책장에서 가로와 세로가 수직으로 만나고 있음을 관찰하여 만나지 않는 두 직선을 그리는 아이디어를 찾을 수 있어요. 또한 스스로 만나지 않는 두 직선을 그어 보세요.

---

1 해설 참조

2 직선 **가**와 직선 **나**, 직선 **바**와 직선 **사**, 직선 **아**와 직선 **자**

3 (1) 예

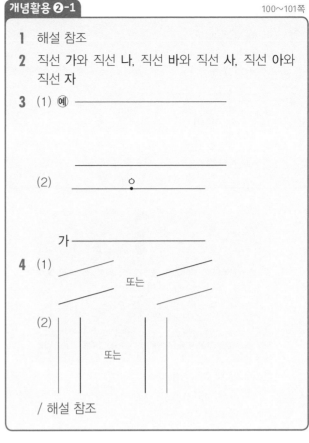

(2)

가

4 (1)

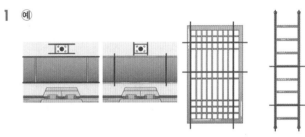

또는

(2)

또는

/ 해설 참조

1 예

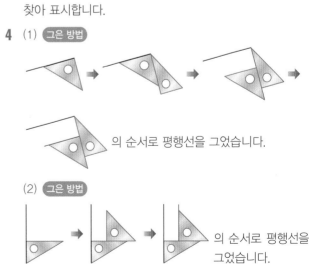

위와 같이 빨간색 선 또는 파란색 선으로 표시된 것과 같이 찾아 표시합니다.

4 (1) 그은 방법

의 순서로 평행선을 그었습니다.

(2) 그은 방법

의 순서로 평행선을 그었습니다.

187

102~103쪽

1 (1) 해설 참조
　　(2) ③
　　(3) 해설 참조
2 (1)

5 cm

　　(2) 해설 참조

수직과 평행을 이해하고, 평행선 사이의 거리를 탐구하는 활동이에요. 길을 건너는 가장 가까운 방법을 찾아봄으로써 평행선 사이에 수선이 가장 가까운 길이 됨을 발견하고 스스로 찾은 방법에 대해 이유를 설명해 보세요.

1 (1)

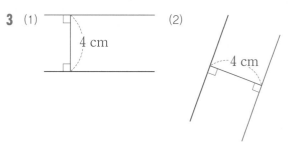

㉠~①은 약 3.5 cm
㉠~②는 약 3.3 cm
㉠~③은 약 3 cm
㉠~④는 약 3.2 cm
㉠~⑤는 약 3.5 cm

(2) ㉠에서 ③으로 그은 선의 길이가 가장 짧기 때문입니다.

(3)

㉡에서 **나**에 대한 수선을 그어야 가장 짧은 길이 됩니다. ㉡을 지나며 직선 **가**에 수직인 선분을 그렸을 때 ㉡과 직선 **나**와 만나는 점의 길이가 가장 짧습니다.

2 (2) ①　━━━━━━━ 직선을 긋습니다.
　　　② 삼각자를 이용하여 아래 그림과 같이 5 cm 되는 곳에 점을 표시합니다.
　　　③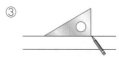 표시된 두 점을 지나는 직선을 긋습니다.

이렇게 하면 폭이 5 cm인 띠를 만들 수 있습니다.

104~105쪽

1 (1) 50, 40, 45, 40, 50, 55, 42, 40
　　(2) ㉡, ㉢, ㉤
　　(3) ㉡, ㉢, ㉤ 모두 90°
　　(4) – 평행선과 90°가 되는 선분을 긋습니다.
　　　 – 평행선에 수선을 긋습니다.
　　　 – 평행선에 수직인 선분을 긋습니다.
2 (1) 3 cm
　　(2) 2 cm
3 (1), (2) 해설 참조

3 (1)

4 cm

(2)

4 cm

– 주어진 직선과 수직으로 만나면서 길이가 4 cm인 곳에 두 점을 찍은 후 두 점을 지나는 직선을 그었습니다.
– 직각삼각자를 2개 이용하면 직각삼각자의 직각이 있는 한 변을 주어진 직선에 일치시키고 다른 직각삼각자로 4 cm 떨어진 곳에 수선을 그으면 됩니다.

106~107쪽

1 (1) 바다가 모은 사각형은 하늘이가 모은 사각형과 같다고 할 수 없습니다.
　　하늘이가 모은 사각형은 변의 길이가 모두 다르고 평행한 변도 없는 사각형이지만, 바다가 모은 사각형은 평행한 변이 있는 사각형입니다.

(2) 바다가 모은 사각형과 강이가 모은 사각형은 같다고 할 수는 없습니다.
강이가 모은 사각형은 모두 한 쌍의 변이 평행 인 사각형이지만, 바다가 모은 사각형에는 두 쌍의 변이 평행인 사각형도 있습니다.
평행한 변이 한 쌍인 사각형으로만 말한다면 바다가 모은 사각형과 강이가 모은 사각형은 같다고 할 수도 있습니다.

(3) 바다가 모은 사각형과 산이가 모은 사각형은 같다고 할 수는 없습니다.
산이가 모은 사각형은 모두 두 쌍의 변이 평행 한 사각형이지만, 바다가 모은 사각형에는 한 쌍의 변이 평행한 사각형도 있고, 두 쌍의 변이 평행한 사각형도 있습니다. 만약 바다가 모은 사각형 중에서 가, 나, 라, 바, 사, 자와 같이 두 쌍의 변이 평행한 사각형만 골라낸다면 산이가 모은 사각형과 같다고 할 수 있습니다.

(4) 해설 참조

1 (4)

분류 기준	바다의 사각형	분류한 이유
하늘이가 모은 사각형	가, 나, 다, 라, 마, 바, 사, 아, 자	모두 변이 4개이고, 각이 4개 인 사각형이기 때문에 하늘 이가 모은 사각형으로 분류 할 수 있습니다.
강이가 모은 사각형	가, 나, 다, 라, 마, 바, 사, 아, 자	강이가 모은 사각형은 한 쌍 의 변이 평행하고, 바다가 모 은 사각형은 한 쌍의 변이 평 행한 사각형과 두 쌍의 변이 평행한 사각형이기 때문에 한 쌍의 변이 평행한 사각형 으로 분류할 수 있습니다.
산이가 모은 사각형	가, 나, 라, 바, 사, 자	산이가 모은 사각형은 두 쌍 의 변이 평행하므로, 바다가 모은 사각형 중에서 두 쌍의 변이 평행한 사각형만을 산 이가 모은 사각형으로 분류 할 수 있습니다.

1 (1) 변 위에 두 점을 찍고 각각의 점에서 마주 보 는 변까지의 길이가 같은지 재어서 알아봅니 다. 만약 두 점에서 마주 보는 변까지의 거리가 같으면 두 변은 평행합니다.
길게 이어도 서로 만나지 않으면 두 변은 평행 합니다.
(2) 가, 다, 라, 마, 바, 아 / 나, 사

2 (1) 가, 다, 라, 마, 바, 아
(2) 사다리꼴은 평행한 변이 한 쌍이라도 있는 사 각형인데 가, 다, 바는 평행한 변이 한 쌍 있는 사각형이고, 라, 마, 아는 평행한 변이 두 쌍 있 는 사각형이기 때문입니다.

3 (예)
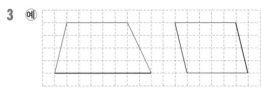

4 (예)
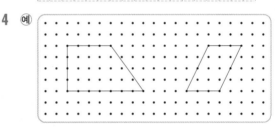

1 (1) 가, 다, 라, 마, 바, 아
(2) 가, 다, 바 / 라, 마, 아

2 (1) (위에서부터 시계 방향으로) 3, 2.5, 3, 2.5 / 4, 3, 4, 3
(2) 마주 보는 변의 길이가 같습니다.
(3) 모두 90 /
(위에서부터 시계 방향으로) 143, 37, 143, 37
(4) 마주 보는 각의 크기가 같습니다.

3 해설 참조

3
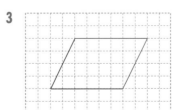

모눈종이는 가로선끼리, 세로선끼리 서로 평행합니다. 두 쌍의 변이 평행한 사각형이므로 평행사변형이 됩니다.

1 (1) 마, 아 / 가, 나, 다, 라, 바, 사
  (2) 마는 네 각의 크기가 90°로 모두 같습니다. 아는 네 각의 크기가 모두 같진 않지만 마주 보는 두 각의 크기가 120°, 60°로 서로 같습니다.
  (3) 마와 아 모두 평행한 변이 두 쌍 있습니다.

2 (1) ① 90°, 수직 / ② 2, 2, 3, 3
  (2) 마름모에서 마주 보는 꼭짓점끼리 연결한 선분은 서로 수직으로 만나고, 서로 다른 것을 이등분합니다.

3 (1) 80, 5
  (2) 90, 6

1 (1) 다, 마
  (2) 직사각형은 마주 보는 변의 길이가 같습니다.
  (3) 마
  (4) 정사각형은 각의 크기가 모두 90°이고, 변의 길이가 모두 같습니다.

2 (1) 사다리꼴, 평행사변형, 마름모, 직사각형, 정사각형을 만들 수 있습니다.
  (2) 마주 보는 변의 길이가 같고, 두 쌍의 변이 평행한 사각형을 만들 수 있으므로 사다리꼴, 평행사변형을 만들 수 있습니다.

3

분류 기준	기호	이유
사다리꼴	가, 나, 다, 라, 마	사다리꼴은 평행한 변이 한 쌍이라도 있는 사각형인데 가, 나, 다, 라, 마는 모두 평행한 변이 있습니다.
평행사변형	가, 나, 다, 라	평행사변형은 평행한 변이 두 쌍인 사각형인데 가, 나, 다, 라는 평행한 변이 두 쌍입니다.
마름모	다, 라	마름모는 네 변의 길이가 모두 같은 사각형인데 다, 라는 네 변의 길이가 모두 같습니다.
직사각형	가, 라	직사각형은 네 각의 크기가 모두 직각인 사각형인데 가, 라는 네 각이 모두 직각입니다.
정사각형	라	정사각형은 네 각이 모두 직각이고, 네 변의 길이가 모두 같은 사각형이므로 라입니다.

스스로 정리

1

직사각형	네 각이 모두 직각인 사각형	가, 나
정사각형	네 각이 모두 직각이고 네 변의 길이가 모두 같은 사각형	가
평행사변형	마주 보는 두 쌍의 변이 서로 평행한 사각형	가, 나, 다, 라
사다리꼴	평행한 변이 한 쌍이라도 있는 사각형	가, 나, 다, 라, 마
마름모	네 변의 길이가 모두 같은 사각형	가, 라

개념 연결

직각 표시하기
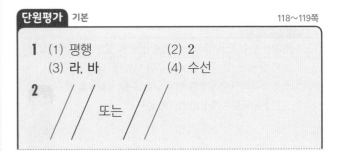

삼각형의 종류 예각삼각형, 직각삼각형, 둔각삼각형

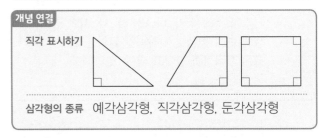

1 삼각자 2개를 이용하여 선분 ㄱㄴ의 양 끝점에서 각각 수선을 그렸어.
한 삼각자를 왼쪽 변에 맞춰 고정하고 다른 삼각자를 움직여서 점 ㄷ을 지나고 선분 ㄱㄴ에 평행한 선을 그었더니 직사각형이 되었어.

선생님 놀이

1 4, 120
  평행사변형은 마주 보는 변의 길이가 서로 같으므로 4 cm이고, 이웃하는 각의 크기의 합이 180°인데 한 각의 크기가 60°이므로 이웃하는 각은 120°입니다.

2 모든 사각형은 네 변의 길이가 모두 같으므로 마름모는 5개 모두입니다.

1 (1) 평행 (2) 2
  (3) 라, 바 (4) 수선

2
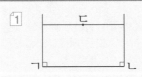
또는

방법 주어진 직선에 한 점을 찍고 수직인 선분을 긋습니다. 수직인 선분에 주어진 직선의 한 점으로부터 2 cm 떨어진 곳에 점을 찍습니다. 이 점과 앞서 그은 수선에 수직인 선분을 그으면 처음 직선과 평행한 선분이 그려집니다.

3 (1) 4, 120　　　　　　(2) 6, 100

4 변 ㄱㄹ, 변 ㄴㄷ / 변 ㄱㄴ, 변 ㄹㄷ

5 5, 5, 5

6 (1) ○　　　　　　(2) ×
　　(3) ○　　　　　　(4) ○
　　(5) ×　　　　　　(6) ○

7 (1) 가, 나, 다, 마
　　(2) 나, 다, 마
　　(3) 다, 마

8 (1) 가, 나, 다, 라, 마, 바
　　(2) 가, 다, 바
　　(3) 바
　　(4) 가, 바
　　(5) 바

단원평가 심화　　　　　　　　120~121쪽

1 55°

2
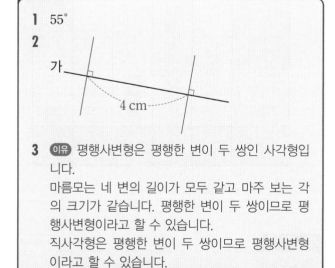

3 이유 평행사변형은 평행한 변이 두 쌍인 사각형입니다.
마름모는 네 변의 길이가 모두 같고 마주 보는 각의 크기가 같습니다. 평행한 변이 두 쌍이므로 평행사변형이라고 할 수 있습니다.
직사각형은 평행한 변이 두 쌍이므로 평행사변형이라고 할 수 있습니다.
정사각형은 평행한 변이 두 쌍이므로 평행사변형이라고 할 수 있습니다. / 마름모, 직사각형, 정사각형

4 7 cm

5
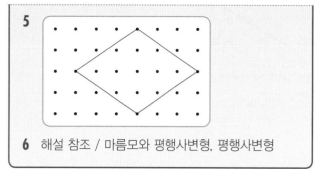

6 해설 참조 / 마름모와 평행사변형, 평행사변형

---

1 직선 **가**와 직선 **나**가 서로 수직이므로
㉠+90°+35°=180°입니다.
그러므로 ㉠은 55°입니다.

3 사다리꼴은 평행한 변이 한 쌍만 있는 경우로 평행사변형이 되지 않기 때문에 모든 사다리꼴이 평행사변형이 되지는 않습니다.

4 평행사변형을 만들었으므로 변 ㄱㄹ과 변 ㄴㄷ의 길이가 같고 변 ㄱㄴ과 변 ㄹㄷ의 길이가 같습니다.
변 ㄱㄹ이 변 ㄱㄴ보다 1 cm 더 길므로, 변 ㄴㄷ도 변 ㄱㄴ보다 1 cm 더 깁니다.
그러므로 2 cm를 빼면 네 변의 길이가 모두 같아지므로 26-2=24이고, 24÷4=6 (cm)입니다.
변 ㄱㄴ, 변 ㄹㄷ의 길이가 6 cm이므로 변 ㄱㄹ의 길이는 7 cm입니다.

6 하늘이는 마름모와 평행사변형을 만들 수 있습니다.
바다는 평행사변형을 만들 수 있습니다.
설명
하늘이가 삼각형 2개로 만들 수 있는 사각형은 다음과 같습니다.

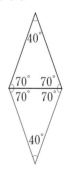

하늘이가 가진 삼각형은 두 각의 크기가 같으므로 이등변삼각형입니다. 이등변삼각형은 두 변의 길이가 같습니다.
그림과 같이 연결하여 사각형을 만들면 네 변의 길이가 모두 같으므로 마름모를 만들 수 있습니다. 마름모는 평행사변형이라고도 할 수 있습니다.

그림과 같이 붙이면 두 쌍의 변이 평행하고, 마주 보는 변의 길이가 같으므로 평행사변형을 만들 수 있습니다.

바다가 삼각형 2개로 만들 수 있는 사각형은 다음과 같습니다.

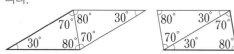

191

위와 같이 세 가지 모양의 사각형을 만들 수 있습니다.
세 가지 모두 마주 보는 변의 길이만 같고, 두 쌍의 변이 평행한 사각형이므로 바다는 평행사변형만 만들 수 있습니다.

기억하기 124~125쪽

1 해설 참조
2 버스
3 해설 참조
4 학생들이 배우고 싶어 하는 악기를 한눈에 알기가 쉽습니다.

1

즐겨 이용하는 교통수단별 이용자 수

교통수단	이용자 수
자전거	◎○○○○○○○
오토바이	○○○○○○
버스	◎◎○○○○○○○○
자가용	◎◎○○○○○

◎ 10명
○ 1명

3

배우고 싶어 하는 악기

악기	피아노	기타	하모니카	바이올린	단소	합계
학생 수 (명)	13	23	8	10	3	57

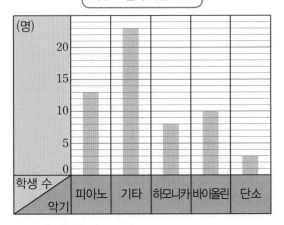

배우고 싶어 하는 악기

생각열기 ❶ 126~127쪽

1, 2 해설 참조
3 막대그래프를 보고 낮 12시의 기온을 알 수 없습니다.
4 해설 참조

1 예

11월 중 하루의 기온 변화

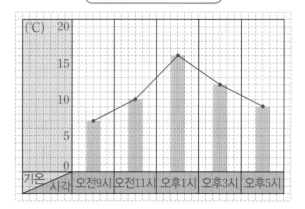

2 – 오전 9시부터 기온이 점점 높아지고 오후 1시부터 기온이 낮아집니다.
– 조사한 날의 오전 9시 기온이 가장 낮습니다.
– 조사한 날의 오후 1시 기온이 가장 높습니다.
– 기온의 변화가 가장 큰 때는 오전 11시와 오후 1시 사이입니다.

4 예

11월 중 하루의 기온 변화

조사한 자료 사이를 선으로 이으면 조사한 자료 이외의 값을 대략 예상할 수 있습니다.

선생님의 참견

막대그래프는 항목별 수량의 많고 적음을 한눈에 비교하기 쉬운 장점을 가지고 있어요. 시간에 따라 변화하는 기온을 막대그래프로 나타내어 보고, 막대그래프를 보고 알 수 없는 자료값 사이의 값을 예상해 볼 수 있으려면 어떤 모양 그래프로 나타내면 좋을지 생각해 보세요.

개념활용 ❶-1
128~129쪽

1 (1) 가로는 월, 세로는 기온을 나타냅니다. / 눈금의 크기가 같습니다.
(2) (가) 그래프는 막대로, (나) 그래프는 선분으로 나타냈습니다.
월별 최고 기온을 비교할 때 (가) 그래프는 막대의 길이의 차를 비교하면 되는데, (나) 그래프는 선분이 기울어진 정도를 비교해야 합니다.
(3) (나) 그래프입니다. / 점들을 선분으로 이어 그린 그래프이므로 기울어진 정도를 보면 기온의 변화를 한눈에 알아볼 수 있습니다.
(4) 34℃였을 것입니다. / 5월과 7월의 값을 이은 선분의 가운데에 점을 찍고 그 점의 값을 읽으면 34℃입니다.

2 (1) 가로는 월, 세로는 기온을 나타냅니다.
(2) 세로 눈금 5칸이 5℃를 나타내므로 세로 눈금 한 칸은 1℃을 나타냅니다.
(3) 그래프의 꺾은선은 기온의 변화를 나타냅니다.

개념활용 ❶-2
130~131쪽

1 (1) 하늘이의 키를 학년별로 조사하여 나타낸 꺾은선그래프입니다.
(2) 세로 눈금 한 칸의 크기가 다릅니다.
(나) 그래프에는 ≈이 있습니다.
(3) 필요 없는 부분을 줄여서 나타내기 때문에 (가) 그래프보다 변화하는 모습이 잘 나타납니다.

2 (1) 사과나무의 키가 점점 빠르게 자라고 있습니다.
(2) – 7월 31일과 8월 10일 사이입니다. 7월 31일에 비해 8월 10일에는 10 cm가 자랐기 때문입니다.
– 7월 31일과 8월 10일 사이입니다. 이 시기에 선이 가장 많이 기울어져 있기 때문입니다.
(3) 65 cm였을 것입니다. 7월 21일 키인 62 cm와 7월 31일 키인 68 cm의 중간값이 65 cm이기 때문입니다.

생각열기 ❷
132~133쪽

1 (1), (2) 해설 참조
2 (1) 0.1℃. 세로 눈금 한 칸의 크기가 작을수록 강의 수온이 변화하는 모습이 잘 나타나기 때문입니다.

(2) 0~3℃에 자료의 값이 없으므로 0~3℃를 줄여서 나타냅니다. 그리고 세로 눈금 1칸은 0.1℃를 나타내게 합니다.

(3) 해설 참조

1 (1)

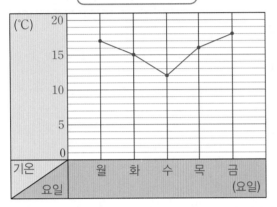

요일별 예상 최고 기온

(2) 1. 가로와 세로에 각각 무엇을 나타내야 하는지 정합니다.
   2. 조사한 값 중 가장 큰 수를 나타낼 수 있게 눈금 한 칸의 크기를 정합니다.
   3. 가로 눈금과 세로 눈금이 만나는 자리에 점을 찍습니다.
   4. 점들을 선분으로 잇습니다.
   5. 꺾은선그래프에 알맞은 제목을 붙입니다.

2 (3)

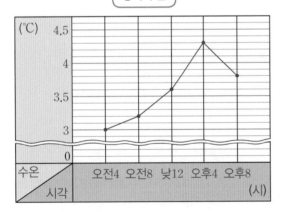

강의 수온

선생님의 참견
표를 보고 막대그래프를 그릴 수 있었듯이 표를 보고 꺾은선그래프를 그릴 수 있어야 해요. 막대그래프를 그리는 방법과 연결 지어 그래프의 각 위치에 들어갈 내용을 정리하는 것이 중요하지요.

1, 2 해설 참조

1 (1)~(5)

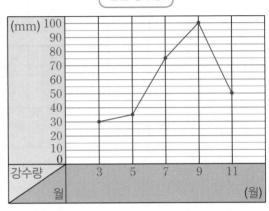

월별 강수량

2 (1)~(3)

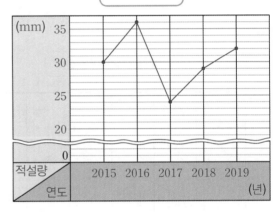

연도별 적설량

1 예 내일의 예상 기온 변화

2 해설 참조

3 예 시각, 기온

4 예 1℃

5 해설 참조

6 예 – 내일 오전보다 오후에 기온 변화가 심할 것입니다.
   – 내일 21시 이후에는 기온이 더 내려갈 것입니다.

2

내일의 예상 기온

시각(시)	3	6	9	12	15	18	21
기온(℃)	6	5	6	9	13	8	7

5

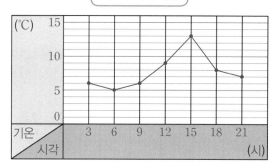
내일의 예상 기온

---

2 (2)

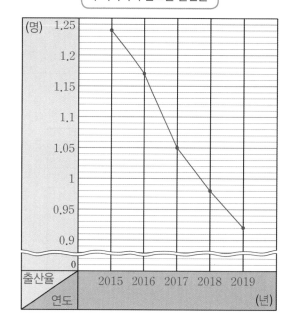
우리나라의 연도별 출산율

138~139쪽

개념활용 ❷-3

1 (1) 막대그래프 / 크기를 한눈에 비교하기 쉬운 그래프는 그림그래프와 막대그래프인데 국가별 출산율이 각각 0.98명, 2.40명, 1.98명, 1.88명, 1.87명으로 그림그래프로 나타내기에는 지나치게 번거로우므로 막대그래프가 가장 알맞다고 생각합니다.

(2) 해설 참조

2 (1) 꺾은선그래프 / 시간에 따른 변화를 한눈에 알아보기 쉽게 나타내기에 꺾은선그래프가 가장 알맞다고 생각합니다.

(2) 해설 참조

1 (2)

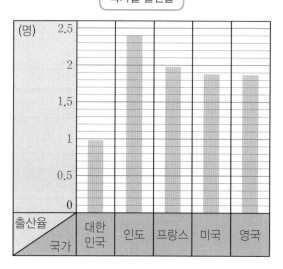
국가별 출산율

표현하기

140~141쪽

스스로 정리

1 수량을 점으로 표시하고, 그 점들을 선분으로 이어 그린 그래프를 꺾은선그래프라고 합니다.

2 – 자료가 변화하는 모습과 정도를 쉽게 알아볼 수 있습니다.
– 조사하지 않은 자료의 값을 예상해 볼 수 있습니다.

개념 연결

막대그래프의 뜻	조사한 자료를 막대 모양으로 나타낸 그래프를 막대그래프라고 합니다.
막대그래프의 특징	막대그래프에서는 수량의 많고 적음을 막대의 길이로 비교합니다. 이때 막대의 길이가 길수록 수량이 많고, 막대의 길이가 짧을수록 수량이 적습니다.

①

공통점	가로와 세로에 나타내는 것이 같아. 한 눈금의 크기가 같아.
차이점	막대그래프는 막대로, 꺾은선그래프는 선으로 나타냈어. 기온의 변화를 알아보기 쉬운 것은 꺾은선그래프야.

1 12시 기온이 8°이고 1시 기온이 10°이므로 12시 30분은 그 중간인 9° 정도가 될 것 같습니다.

2 해설 참조

2

봉이의 키

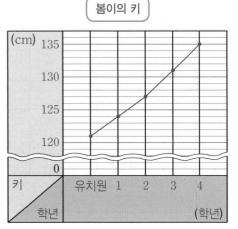

가로에 학년, 세로에 키를 나타내고 세로 한 눈금을 1 cm 로 정합니다.
각 학년별 키를 점으로 찍고 이것을 선분으로 이으면 꺾은 선그래프가 완성됩니다. 마지막으로 그래프의 제목을 씁니다.

142~143쪽

1 0.2 kg

2 8월

3 강아지의 몸무게를 7월부터 11월까지 조사했습니다. 7월의 몸무게가 0.8 kg이고, 11월의 몸무게가 2.2 kg이므로 약 1.4 kg이 늘었습니다. / 1.4 kg

4 3, 10, 15

5 22일과 29일 사이

6 1일과 8일 사이

7 1일과 8일 사이에는 2 cm, 8일과 15일 사이에는 3 cm, 15일과 22일 사이에는 4 cm, 22일과 29 일 사이에는 5 cm가 자랐으므로 29일로부터 일주 일 동안에는 6 cm가 자랄 것 같습니다. / 21 cm

8 요일, 체온

9 강이의 체온 변화에서 0°C와 36.5°C 사이에 변 화한 값이 없으므로 0°C와 36.5°C 사이를 물결 선으로 생략하는 것이 좋을 것 같습니다. / 0°C와 36.5°C 사이

10 해설 참조

11 37.9°C

12 수요일 오후 6시에 37.9°C, 목요일 오후 6시에 37.1°C였으므로 목요일 오전 6시에는 그 중간값 인 37.5°C였을 것입니다. / 37.5°C

5 양파의 키가 가장 많이 자랄 때는 선이 기울어진 정도가 가 장 큰 때이므로 22일과 29일 사이입니다.

6 양파의 키가 가장 적게 자랄 때는 선이 기울어진 정도가 가 장 작을 때이므로 1일과 8일 사이입니다.

10

강이의 체온

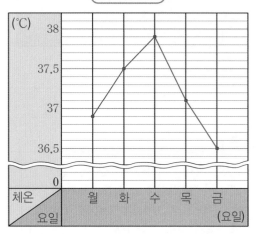

11 체온이 가장 높은 때는 꺾은선그래프에서 점이 가장 높이 찍힌 때로, 37.9°C였습니다.

144~145쪽

1 ⑩ 자료값이 13515명부터 시작하기 때문입니다. / 0명부터 13500명 사이

2 ⑩ 주어진 세로 눈금 25칸으로 가장 작은 자료값 13515명부터 가장 큰 자료값 14730명까지 나타 내기 위해서는 세로 눈금 한 칸이 50명을 나타내 어야 합니다. / 50명

3 해설 참조

3

우리 지역 초등학생 수는 어떻게 될까

김비아 기자

우리 지역 초등학교 입학생 수의 변화를 살펴보면 2017년부터 점점 줄어들고 있습니다. 반면에 졸업생 수는 2017년부터 점점 늘어나고 있습니다. 입학생 수와 졸업생 수를 비교해 보면 2019년에는 입학생 수보다 졸업생 수가 더 많아서 우리 지역 초등학생 수가 줄어드는 현상이 나타나고 있다는 것을 알 수 있습니다.

연도별 입학생 수

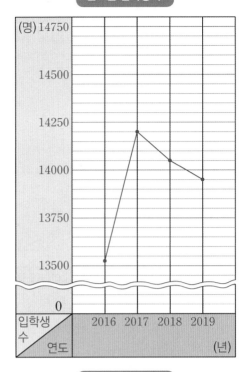

연도별 졸업생 수

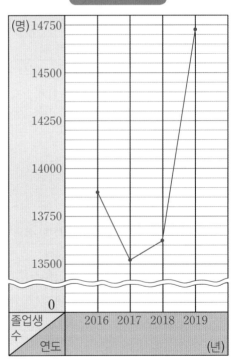

기억하기

148~149쪽

1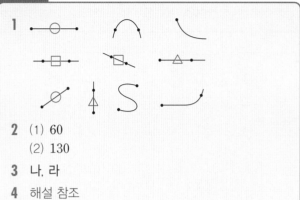

2 (1) 60
  (2) 130

3 나, 라

4 해설 참조

4

도형	△	□	⬠
변의 수	3개	4개	5개
꼭짓점의 수	3개	4개	5개
도형의 이름	삼각형	사각형	오각형

생각열기 ❶

150~151쪽

1 (1) – 곡선이 있는 도형도 있고, 선분으로만 둘러
     싸인 도형도 있습니다.
    – 선분의 길이가 모두 같은 도형도 있고, 서로
     다른 도형도 있습니다.
  (2) – 각의 크기가 모두 같은 도형도 있고, 서로 다
     른 도형도 있습니다.
    – 각이 있는 도형도 있고, 각이 없는 도형도 있
     습니다.
    – 직각이 있는 도형도 있고, 없는 도형도 있습
     니다.
    – 각의 개수가 다양합니다.

2 (1) – 곡선의 유무   – 변의 개수
    – 변의 길이   – 각의 크기
  (2) 해설 참조
  (3) 변의 수: 3개 – **가**, **마** – 삼각형
     변의 수: 4개 – **바**, **카** – 사각형
     변의 수: 5개 – **다**, **사** – 오각형
     변의 수: 6개 – **아**, **자** – 육각형
     변의 수: 8개 – **나** – 팔각형

(4) 가: 정삼각형, 삼각형
　　다: 정오각형, 오각형
　　바: 정사각형, 사각형
　　자: 정육각형, 육각형

2 (2)

기준1: 곡선의 유무	– 선분으로만 이루어진 도형: 가, 나, 다, 마, 바, 사, 아, 자, 카 – 곡선이 있는 도형: 라, 차
기준2: 변의 수	– 3개: 가, 마　　– 4개: 바, 카 – 5개: 다, 사　　– 6개: 아, 자 – 8개: 나
기준3: 변의 길이	– 변의 길이가 모두 같은 도형: 가, 다, 바, 자 – 변의 길이가 모두 같지는 않은 도형: 나, 마, 사, 아, 카

선생님의 참견

모든 탐구는 관찰에서 시작돼요. 도형을 자세히 관찰하여 공통점을 찾으면 그것이 그 도형의 특징이 되지요. 선분의 길이와 각의 크기 등에 집중해서 관찰해 보세요.

개념활용 ❶-1 　　　　152~153쪽

1 (1) 가, 나, 다, 마, 사, 아, 차 / 라, 바, 자
　　(2) 해설 참조
　　(3) 가, 나, 다, 마, 아 / 사, 차
　　(4) 가, 다, 마, 아 / 나, 사, 차
　　(5) 해설 참조

1 (2)

변의 수(개)	3	4	5	6	7	8
도형의 기호	가	나, 마	다	차	사	아
도형의 이름	삼각형	사각형	오각형	육각형	칠각형	팔각형

(5)

다각형의 기호	가	다	마	아
다각형의 이름	정삼각형	정오각형	정사각형	정팔각형

개념활용 ❶-2 　　　　154~155쪽

1 (1) 　　　(2)

2 (1) 해설 참조 / 가, 삼각형
　　(2) 나, 다
　　(3) 나, 라
　　(4) 9개
3 (1)~(3) 해설 참조

2 가　　　나　　　다　　　라　　　마

3 (1)

다각형	다각형이 아닌 도형
가, 다, 라, 사, 아	나, 마, 바

이유

– 나, 바: 곡선이 있습니다.
– 나, 바: 선분으로만 둘러싸여 있지 않습니다.
– 마: 선분만 있지만 둘러싸여 있지 않습니다.

(2)

정다각형	정다각형이 아닌 도형
가, 다, 아	라, 사

이유

– 라: 네 변의 길이는 같지만 네 각의 크기가 같지 않습니다.
– 사: 변의 길이가 모두 같지 않습니다.

(3) 가 　　다　　아

정다각형의 이름	대각선의 수
정삼각형	0개
정사각형	2개
정육각형	9개

생각열기 ❷ 　　　　156~157쪽

1 ~ 4 해설 참조

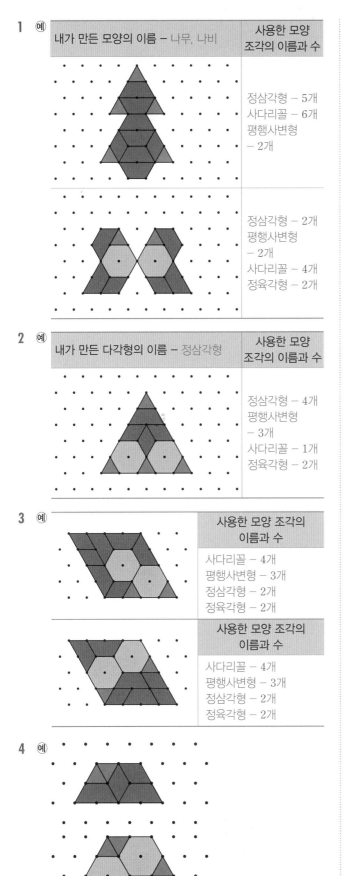

1 예

내가 만든 모양의 이름 – 나무, 나비	사용한 모양 조각의 이름과 수
	정삼각형 – 5개 사다리꼴 – 6개 평행사변형 – 2개
	정삼각형 – 2개 평행사변형 – 2개 사다리꼴 – 4개 정육각형 – 2개

2 예

내가 만든 다각형의 이름 – 정삼각형	사용한 모양 조각의 이름과 수
	정삼각형 – 4개 평행사변형 – 3개 사다리꼴 – 1개 정육각형 – 2개

3 예

	사용한 모양 조각의 이름과 수
	사다리꼴 – 4개 평행사변형 – 3개 정삼각형 – 2개 정육각형 – 2개
	사용한 모양 조각의 이름과 수
	사다리꼴 – 4개 평행사변형 – 3개 정삼각형 – 2개 정육각형 – 2개

4 예

선생님의 참견

모양 조각을 사용하여 나만의 모양을 자유롭게 만들어 보세요. 또한 제시된 다각형을 모양 조각으로 채워 보세요. 다각형을 만들거나 채우는 활동을 하는 동안 다각형의 각의 크기나 변의 길이에 집중하는 것이 필요해요.

개념활용 ❷-1 158~159쪽

1 ~ 5 해설 참조

1 예

2 예

3 예

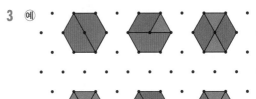

4

모양	사용한 모양 조각의 이름과 수
	사다리꼴 – 4개 평행사변형 – 3개 정삼각형 – 1개 정육각형 – 1개

5

예 내가 만든 모양의 이름 – 꽃	사용한 모양 조각의 이름과 수
	정삼각형 – 2개 사다리꼴 – 6개 정육각형 – 1개

160~161쪽

표현하기

스스로 정리

1 선분으로만 둘러싸인 도형

2 변의 길이가 모두 같고, 각의 크기가 모두 같은 다각형

3 다각형에서 서로 이웃하지 않는 두 꼭짓점을 이은 선분

4

개념 연결

변의 수(개)	3 / 4
꼭짓점의 수(개)	3 / 4
이름	선분 / 반직선 / 직선 / 곡선

1 가　나　다　라

모든 사각형은 그 모양에 관계없이 2개의 대각선을 가져.
대각선의 길이가 같은 사각형은 직사각형과 정사각형이야.
마름모와 정사각형은 대각선이 서로 수직이야.

선생님 놀이

1 가, 다, 라

2 해설 참조

---

1 다각형은 선분으로만 둘러싸인 도형이므로 **나**를 제외한 모든 도형은 다각형이 아닙니다.
가는 둘러싸고 남은 부분이 있고, **라**는 선분으로 둘러싸이지 않았습니다.
다는 선분, 즉 곧은 선이 아닌 곡선으로 된 부분이 있습니다.

2

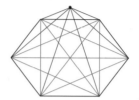

새로운 꼭짓점과 육각형의 여섯 꼭짓점을 이으면 인접한 두 꼭짓점을 이은 선은 대각선이 아니므로 4개의 대각선이 새로 생기며, 육각형의 변이었던 것 중 하나가 대각선으로 바뀌므로 대각선은 5개가 늘어납니다. 그래서 칠각형의 대각선의 수는 9+5=14(개)입니다.

단원평가 기본

162~163쪽

1 (1) 가, 다, 라, 마
　(2) 다각형
　(3) 가, 다
　(4) 정다각형

2 해설 참조

3 대각선

4 　/ 5개

5 다

6 바다
　이유 대각선은 서로 이웃하지 않는 두 꼭짓점을 이은 선분인데 바다가 그린 선분은 두 꼭짓점을 이은 선분이 아니기 때문입니다.

7 (1) 가
　(2) 나, 라

8 정삼각형, 정육각형

9 (1) **예**

　(2) **예**

(3) 예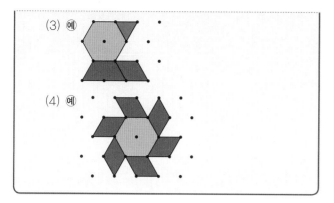

(4) 예

2 예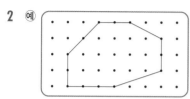

5 다각형은 선분으로만 둘러싸인 도형인데 다는 선분으로만 둘러싸인 도형이 아닙니다. 또는 굽은 선(곡선)이 있습니다.

육각형을 대각선으로 쪼개면 삼각형이 4개 나오므로 육각형의 여섯 각의 크기의 합은 180°×4=720°입니다. 정다각형은 각의 크기가 모두 같기 때문에 정육각형의 한 각의 크기는 720°÷6=120°입니다.

(2) 정오각형만으로 바닥을 빈틈없이 채우는 무늬 꾸미기를 할 수 없습니다. 왜냐하면 바닥을 빈틈없이 채우려면 한 점에서 모이는 각도의 합이 360°가 되어야 하는데, 정오각형의 한 각의 크기는 108°이기 때문입니다.

(3) 정육각형만으로 바닥을 빈틈없이 채우는 무늬 꾸미기를 할 수 있습니다. 왜냐하면 정육각형의 한 각의 크기는 120°입니다. 따라서 정육각형 3개의 꼭짓점이 한 점에서 만나도록 하면 360°가 되기 때문에 바닥을 빈틈없이 채울 수 있습니다.

3

위 그림은 오각형과 그 대각선을 나타낸 것인데, 이것은 각 팀이 다른 팀과 모두 한 번씩 경기를 하는 것을 나타내는 것으로 생각할 수 있습니다. 따라서 이 그림의 선분의 수를 세면 리그전의 총 경기 수를 알 수 있습니다. 오각형은 변이 5개, 대각선이 5개이므로 리그전의 총 경기 수는 10회입니다.

단원평가 심화   164~165쪽

1 틀립니다에 ○표 / 해설 참조
2 (1) 해설 참조 / 108°, 120°
　 (2) 해설 참조
　 (3) 해설 참조
3 해설 참조 / 10회

1 정다각형은 변의 길이가 모두 같고, 각의 크기가 모두 같은 다각형입니다. 그런데 평행사변형(또는 마름모) 조각은 변의 길이는 모두 같지만 각의 크기가 같지 않기 때문에 정다각형이 아닙니다.

2 (1)

오각형을 대각선으로 쪼개면 삼각형이 3개 나오므로 오각형의 다섯 각의 크기의 합은 180°×3=540°입니다.
정다각형은 각의 크기가 모두 같기 때문에 정오각형의 한 각의 크기는 540°÷5=108°입니다.

수학의 미래
초등 4-2

지은이 | 전국수학교사모임 미래수학교과서팀

초판 1쇄 인쇄일 2021년 7월 26일
초판 1쇄 발행일 2021년 8월 2일

발행인 | 한상준
편집 | 김민정 강탁준 손지원 송승민 최정휴
삽화 | 조경규 홍카툰
디자인 | 디자인비따 한서기획 김미숙
마케팅 | 주영상 정수림
관리 | 양은진

발행처 | 비아에듀(ViaEdu Publisher)
출판등록 | 제313-2007-218호
주소 | 서울시 마포구 월드컵북로6길 97 2층
전화 | 02-334-6123   홈페이지 | viabook.kr
전자우편 | crm@viabook.kr

ⓒ 전국수학교사모임 미래수학교과서팀, 2021
ISBN 979-11-91019-16-2 64410
ISBN 979-11-91019-08-7 (전12권)